CHANGEABLE
BRIDE
HAIRSTYLE
TUTORIAL

百变新娘

造型实例教程

悦尚化妆造型培训学校 杨彬彬 ◎ 编著

人民邮电出版社
北京

图书在版编目（CIP）数据

百变新娘造型实例教程 / 悦尚化妆造型培训学校，杨彬彬编著. -- 北京 : 人民邮电出版社, 2018.6
ISBN 978-7-115-48425-3

Ⅰ. ①百… Ⅱ. ①悦… ②杨… Ⅲ. ①女性－化妆－造型设计 Ⅳ. ①TS974.1

中国版本图书馆CIP数据核字(2018)第096904号

内 容 提 要

本书主要分为新娘造型风格解析篇和新娘造型手法解析篇，共有50个案例。新娘造型风格解析篇包括韩式新娘造型、法式新娘造型、日系新娘造型和轻复古新娘造型，新娘造型手法解析篇包括抽丝新娘造型、打卷新娘造型、复古波纹新娘造型和片接假发新娘造型。书中的每个案例都对造型手法和造型重点进行了详细的阐述，并通过精美的图片、清晰的步骤和翔实的文字向读者展示了每个造型的打造方法，将创作思路与操作过程完美地结合在一起。同时，书中还穿插了很多作品，这不仅可以使读者拓展思路、开阔眼界，还能作为新娘试妆时的参考。

本书适合新娘化妆造型师、婚礼跟妆师使用，同时也可以作为新娘化妆造型培训机构的教学用书。

◆ 编　　著　悦尚化妆造型培训学校　杨彬彬
　责任编辑　赵　迟
　责任印制　陈　犇

◆ 人民邮电出版社出版发行　北京市丰台区成寿寺路11号
　邮编　100164　电子邮件　315@ptpress.com.cn
　网址　http://www.ptpress.com.cn
　天津市豪迈印务有限公司印刷

◆ 开本：889×1194　1/16
　印张：16　　　　2018年6月第1版
　字数：556千字　　2018年6月天津第1次印刷

定价：128.00元

读者服务热线：(010)81055410　印装质量热线：(010)81055316
反盗版热线：(010)81055315
广告经营许可证：京东工商广登字20170147号

序

今天是感恩节，在这样一个特别的日子里，我看完整本书的内容后，心中感慨万千！

记得第一次看到彬彬老师的作品是在2016年2月，当时作品给我的感觉是整个妆面非常通透、水润，造型非常时尚、精美。我心想，这不就是我一直在寻找的作者吗？于是赶紧和彬彬老师联系。

在和彬彬老师取得联系后，经过反复的沟通和讨论，确定了本书的写作方向。在这个过程中，我感觉到彬彬老师是一个非常负责、对工作一丝不苟的人。正是因为这样的工作态度，才有了这样一本完美的新娘造型书。书中的每一张图片都非常漂亮，为大家呈现了一场新娘造型的视觉盛宴。相信大家在读过本书后，一定会有非常大的收获。

每一本书都是作者经过无数个夜晚，牺牲了无数个休息日，花费了大量的时间和心血才完成的。在书稿的整个编写过程中，作者所付出的努力是很多人无法想象的。这本书的编写过程也同样如此，彬彬老师经常会很晚发来消息，和我沟通书中的内容，如图片的拍摄是否到位，案例的难易程度是否需要调整，文字的讲解是否详细，标题的设定是否准确等。正是作者的辛苦付出，才让我们看到了更多、更好的图书，真心感谢每一位作者！

最后，感谢每一位读者的支持，是你们的支持让我们有了前进的动力，让我们能够更好地实现自己的价值。

佘战文

2017年11月23日

目录

新娘造型风格解析篇

1 韩式新娘造型

2 法式新娘造型

3 日系新娘造型

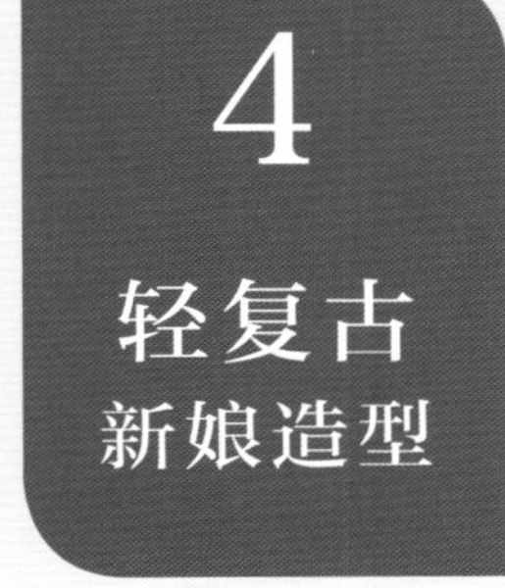

4 轻复古 新娘造型

新娘造型手法解析篇

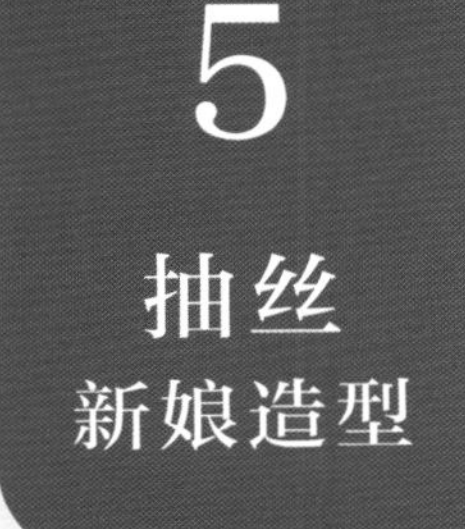

5 抽丝 新娘造型

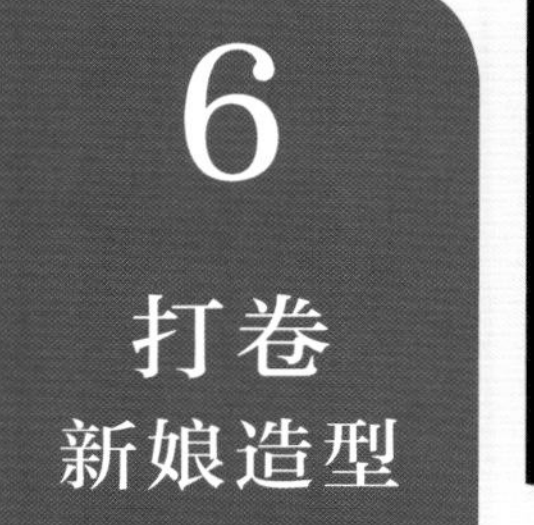

6 打卷新娘造型

7 复古波纹新娘造型

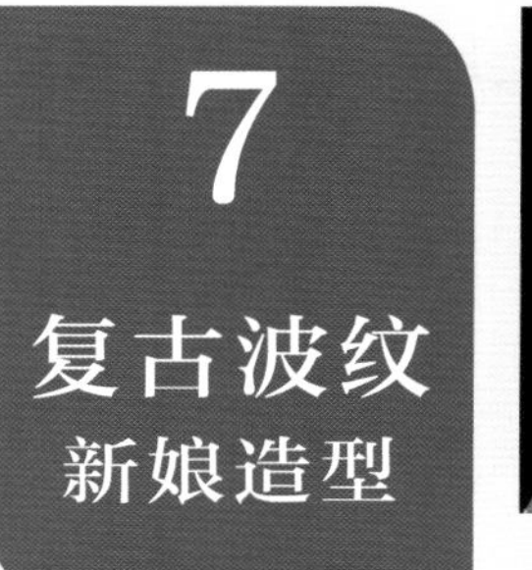

8 片接假发新娘造型

新娘造型风格解析篇

1. 韩式新娘造型
2. 法式新娘造型
3. 日系新娘造型
4. 轻复古新娘造型

韩式新娘造型

经典的韩式新娘造型不需要运用夸张的手法和复杂的饰品就能体现女性的柔美和优雅。在造型时，要注意突出造型的层次和纹理，搭配精致靓丽的发饰，以展现新娘非比寻常的美感。

韩式新娘造型 1

造型手法： 1.单股拧绳；2.倒梳；3.扎马尾；4.打卷；5.抽丝。

造型重点： 1.用32号电卷棒烫发时，要注意对枕骨以下的头发烫外翻卷，对枕骨以上的头发烫内扣卷，而且发根要烫蓬松；2.前区的头发在进行单股拧绳时，要斜向分发片，注意衔接点要自然，不要露出头皮；3.鬓角的两缕发丝要少而蓬松，展现出飞扬的感觉，让整体造型多一丝动感，不显呆板。

Step 01

将刘海三七分，然后从右侧刘海中分出一束发片，以单股拧绳的手法将其固定在前后区的分界处。

Step 02

再分出一束发片，以同样的手法将其固定在前后区的分界处。

Step 03

在右耳上方分出一束发片，以同样的手法将其固定在耳后位置。注意发量要适中，以免头皮外露。

Step 04

从左侧刘海中分出一束发片，然后以单股拧绳的手法将其固定在前后区的分界处。

Step 05

从左耳上方分出一束发片，然后以单股拧绳的手法将其固定在耳后。

Step 06

将后区顶部的头发倒梳，以增加发量。

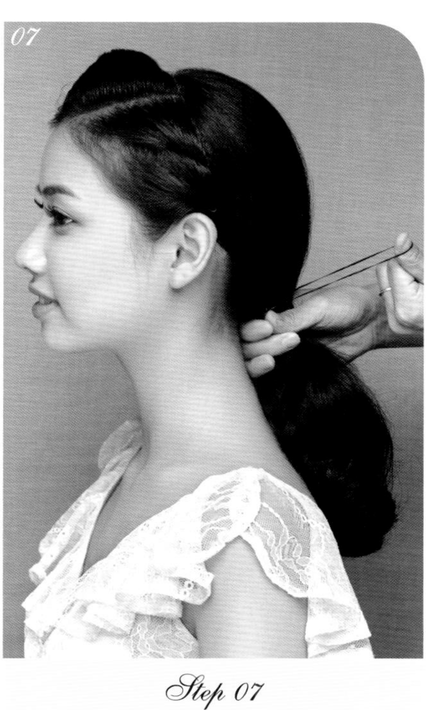

Step 07

将所有的头发扎成低马尾。

Step 08

将发尾梳顺后向上外翻并固定。

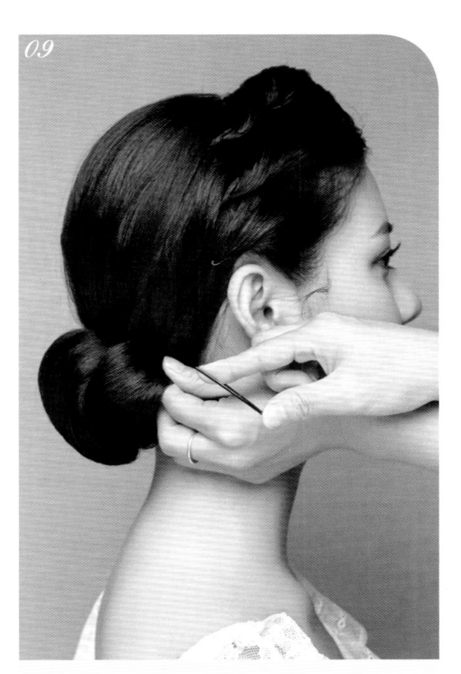

Step 09

将发尾连续打卷并固定在右侧。

Step 10

抽出鬓角的发丝，以制造出飞扬的感觉，让整体发型显得灵动、不死板。

Step 11

戴上合适的饰品，使造型更加完美。

韩式
新娘造型
2

造型手法： 1.扎马尾；2.三股反编；3.单股拧绳。

造型重点： 1.将每条编好的发辫撕成片状，因为片状的纹理更有矫正性和立体感，而且编发还有很好的“减龄”效果；2.将编好的发辫由内向外撕，这样撕出来的发片才会均匀、自然。

01

Step 01

用32号电卷棒将所有头发内扣烫卷，注意发根要烫蓬松。将头发分成前、后两区，将顶区的头发倒梳，以增加发量。

02

Step 02

将后区头发的表面梳理干净，将其扎成干净的低马尾。

03

Step 03

留出少量刘海区的头发。

04

Step 04

在顶区分出一束发片，并将其分成三股。用三股反编的手法向下编发，边编发边将每股头发撕成片状。

05

Step 05

当发辫编至耳后时，将留出的少量刘海加入编发中。

06

Step 06

继续用三股反编的手法将头发编至发尾，边编发边将每股头发撕成片状。将发尾用皮筋扎紧。

07

Step 07

将左侧区的头发梳光滑，将其用单股拧绳的手法处理，并固定在后区马尾的皮筋处。

08

Step 08

将编好的发辫围绕马尾固定，注意遮挡住皮筋。

09

Step 09

将剩余马尾的发尾用皮筋扎紧。

10

Step 10

将发尾向上翻，并用U形卡固定，注意调整好发髻的形状。

11

Step 11

将头纱从下向上固定在发髻的两侧。要注意露出发髻。

12

Step 12

用饰品修饰没有编发的左侧区。

韩式新娘造型 3

造型手法： 1.内扣；2.外翻；3.打卷；4.抽丝。

造型重点： 前区采用内扣和外翻的手法进行处理，这比较适合发量较多、头发较短的新娘，不仅可以更好地锁紧头发，还能使造型具有纹理感。

Step 01

将刘海二八分，然后在右侧刘海靠后的位置分出一束发片，以内扣的手法处理，用卡子固定。

Step 02

在右侧刘海靠前的位置分出一束发片，进行外翻并固定，使其与第一束发片交叉衔接。注意两束发片的发量要一样。

Step 03

采用同样的手法在右侧刘海靠后的位置分出一束发片，将其内扣并固定。

Step 04

在右侧刘海靠前的位置分出一束发片，进行外翻并固定，使其与上一束发片交叉衔接。

Step 05

继续在右侧刘海靠后的位置分出一束发片，将其内扣并固定。

Step 06

取鬓角处的头发，向外打卷并使其与上一束发片交叉衔接，然后用卡子固定。

Step 07

将发尾拧向耳后并固定。

Step 08

对左侧刘海采用与右侧刘海相同的手法处理。在左侧刘海靠后的位置分出一束发片，以内扣的手法处理并用卡子固定。

Step 09

在左侧刘海靠前的位置分出一束发片，将其外翻并固定，使其与上一束发片交叉衔接。

Step 10

采用同样的手法在左侧刘海靠后的位置分出一束发片，将其内扣并固定。

Step 11

在左侧刘海靠前的位置再分出一束发片，将其外翻并固定，使其与上一束发片交叉衔接。

Step 12

将发尾打卷并固定在耳后。

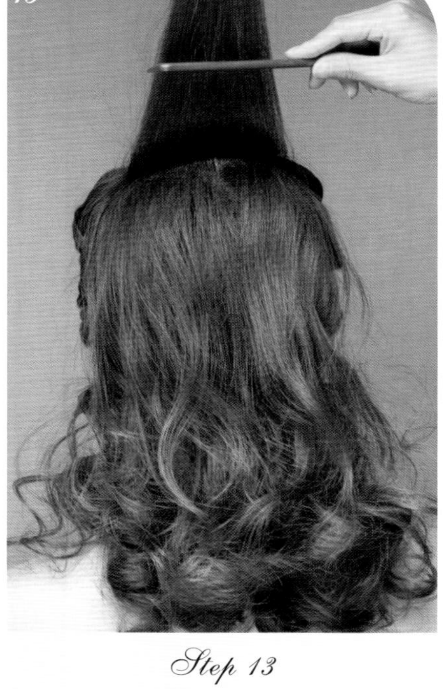

Step 13

将顶区的头发倒梳，使其更加饱满。

Step 14

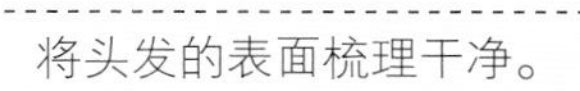

将头发的表面梳理干净。

Step 15

将右侧剩余的部分头发外翻并固定在后区右侧。

Step 16

继续将剩余的头发外翻，并向中心点位置固定。

Step 17

将左侧的头发外翻，向中心点位置固定，使其与右侧的外翻卷连接。

Step 18

将后区的头发用大板梳按烫卷的纹理梳顺。

Step 19

整理碎发并喷发胶定型。

Step 20

在前区右侧抽出发丝，喷发胶定型，使造型更有灵动感。

Step 21

在左侧同样进行抽丝处理。

Step 22

在前区左侧戴上饰品，点缀造型。

Step 23

在后区戴上饰品，与前区呼应，使整体造型更加完美。

韩式新娘造型 4

造型手法： 1.倒梳；2.外翻。

造型重点： 1.用25号电卷棒将头发全部内扣烫卷，注意将发根烫蓬松，然后用大板梳将所有的发卷梳在一起；2.前区与后区要相互结合，不要有明显的分区痕迹；3.可用两侧的头发遮盖部分耳朵，以增加柔美感。

Step 01

在顶区取发片，用尖尾梳倒梳。

Step 02

将头发表面用尖尾梳梳顺。

Step 03

将顶区的头发在枕骨以下的位置用卡子固定。

Step 04

将左侧的头发用尖尾梳梳顺，使其与后区的头发衔接，并用卡子固定。

Step 05

将右侧刘海区的头发梳顺，使其与后区的头发衔接，并用卡子固定。

Step 06

整理碎发，喷发胶定型。

Step 07

将后区右侧的发片以外翻的手法向中间收拢，并用卡子固定。

Step 08

在后区左侧发际线边缘处取发片，然后向上外翻，将其用卡子固定。

Step 09

在后区右侧发际线边缘处取发片，然后向上外翻，将其用卡子固定。

Step 10

在后区中间位置取发片，将其向上外翻并用卡子固定。将剩下的发尾按照头发卷曲的弧度梳理干净。

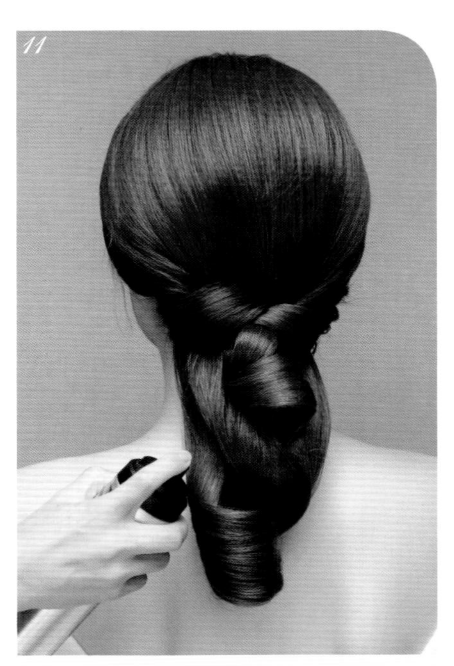

Step 11

整理碎发，喷发胶定型。

Step 12

在左侧佩戴饰品。造型完成。

韩式新娘造型5

造型手法： 1.倒梳；2.两股添加拧绳；3.两股拧绳。

造型重点： 1.对刘海区的头发采用两股添加拧绳的手法处理，这样不仅可以拉长脸形，还具有“减龄”的效果，且韩味儿十足；2.对后区的头发进行两股拧绳处理时，力度要轻，以免顶区的头发变形。

Step 01

在顶区取发片，将其用尖尾梳倒梳。

Step 02

将头发的表面用尖尾梳梳顺。

Step 03

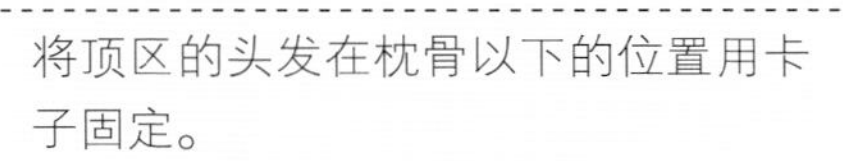

将顶区的头发在枕骨以下的位置用卡子固定。

Step 04

将左侧的头发用尖尾梳梳顺，使其与后区的头发衔接，并用卡子固定。

Step 05

对右侧刘海区边缘的头发用两股添加拧绳的手法处理。

Step 06

用一只手压住发辫的尾端，用另一只手将拧好的发辫抽蓬松。

Step 07

将抽松的发辫在额角上方用卡子固定。

Step 08

在拧好的发辫后面取发片，并将其倒梳，使刘海区更加饱满。

Step 09

将头发表面整理干净，并使其挡住耳朵的上半部分。注意在鬓角处留出一小缕发丝，以修饰脸形，使脸形更显柔美。

Step 10

将两侧区的头发用单股拧绳的手法处理，然后固定在枕骨下方。

Step 11

将剩余的所有头发用两股拧绳的手法拧至发尾。

Step 12

将拧好的发辫拧成低发髻并固定。然后戴上饰品，装饰造型。

韩式
新娘造型
6

造型手法： 1.内扣；2.打卷；3.抽丝。

造型重点： 1.此款发型主要采用打卷的手法处理；2.卷筒之间的衔接要突出发型的层次感和纹理感，而且每束发片要斜向分出，要贴近头皮用卡子固定，以免卷筒鼓起来；3.卡子和头皮不要暴露在外。

Step 01

用19号电卷棒将头发内扣烫卷。在顶区分出一束发片，将其向下打卷，并用卡子固定。

Step 02

在上一束发片的下面分出第二束发片，将其向右打卷。用卡子固定时，发片要遮盖住上一个卡子。

Step 03

在第二束发片的下面竖向分出第三束发片，将其向右打卷并固定。

Step 04

在右侧分出一束发片，将其向左打卷，然后将卡子固定在两个发卷之间的位置。

Step 05

继续向下分出一束发片，将其向左打卷，并用卡子固定。

Step 06

在右侧再分出一束发片，将其向左打卷，并用卡子固定。

Step 07

继续向下分出一束发片，将其向左打卷，并用卡子固定。

Step 08

在右耳上方分出一束发片，将其向左打卷，并用卡子固定。

Step 09

在右耳后分出一束发片，将其向左打卷，并用卡子固定。

Step 10

在左侧分出一束发片，将其向右打卷，并用卡子固定。注意尽量遮盖住发缝。

Step 11

继续向下分出一束发片，将其向右打卷，并用卡子固定。

Step 12

在左侧分出一束发片并向右打卷，然后用卡子固定。

Step 13

继续向下分出一束发片，将其向右打卷，并用卡子固定。

Step 14

向下分出一束发片，将其向右打卷，并用卡子固定。

Step 15

向下分出一束发片，将其向右打卷，并用卡子固定。

Step 16

在左侧再分出一束发片，将其向右打卷，并用卡子固定。

Step 17

继续向下分出一束发片，将其向右打卷，并用卡子固定。

Step 18

将刘海区的头发分成前、后两部分。从后面一部分头发中竖向分出一束发片，将其向后打卷并固定，抽出少许发丝。

Step 19

继续向下分出一束发片，用同样的手法处理并固定。

Step 20

向下分出一束发片，用同样的手法处理并固定在左耳后。

Step 21

从刘海区前面一部分头发中取一束发片，将其向下打卷，并用卡子固定。

Step 22

继续向下分出一束发片，用同样的手法处理并固定。

Step 23

在鬓角处分出一束发片，用同样的手法处理并固定。

Step 24

将发尾用同样的手法向后打卷并固定，使其与后区的头发衔接。

Step 25

将右侧区的头发斜向分成上、下两部分。将上面一部分头发向后斜向拧转，并用卡子固定。

Step 26

将上面留下的发尾与下面的头发结合在一起，向后拧转，并用卡子固定在耳后。

Step 27

将发尾进行外翻处理，使其与后区的头发衔接。

Step 28

抽出发丝，边喷发胶边调整造型。

Step 29

将剩余的发尾用外翻打卷的手法处理，使其与其他的发卷相结合。注意发卷与发卷要错开摆放。

Step 30

佩戴合适的饰品，修饰造型，使造型更加完美。

法式新娘造型

一提到法式，人们就会联想到礼帽造型，而这种礼帽新娘造型是一种新时尚风潮。发髻类造型与轻盈的抽丝造型相结合，会展现出与众不同的风格。帽子的不同设计也会诠释新娘不同的气质，可以浪漫，可以优雅，也可以可爱。

法式新娘造型 1

造型手法：1.内扣；2.外翻。

造型重点：1.该造型重点突出侧发髻，将所有头发分成多个区域并固定在一侧，而且发卷与发卷的叠加要具有立体感和层次感；2.在固定发髻的过程中要留出几缕发丝，以营造虚实结合的层次感，让发髻不显单调；3.将额头的小碎发梳出波纹造型，使其与发髻的几缕发丝相呼应。

Step 01

将刘海四六分。将右侧区的头发顺着卷曲的弧度内扣，并将其用卡子固定在底部发际线位置。

Step 02

在剩余的发尾中取一缕发丝，以增强发型的层次感，然后将发尾固定在后区底部。

Step 03

在后区分出一束发片，进行外翻处理，然后将其用卡子固定。

Step 04

将剩余的发尾顺着头发卷曲的弧度固定在上一个发卷的上方。

Step 05

在后区再分出一束发片，注意留出一缕发丝。

Step 06

将所取的发片向上做外翻处理，然后用卡子固定。

Step 07

将剩余的发尾顺着头发的卷度向斜前方固定。

Step 08

在左侧区留出一缕发丝。

Step 09

将左侧区的发片向上做外翻处理，使其形成卷筒，然后将其用卡子固定在耳后方。

Step 10

将剩余的发尾采用同样的手法处理，并用卡子固定。

Step 11

将左侧最后一片头发向上拧，并用卡子固定。

Step 12

将拧好的发片向下内扣成卷筒，与右侧的发髻相互衔接。

Step 13

在左侧刘海区用尖尾梳梳出几缕头发。

Step 14

将右侧刘海用尖尾梳梳出波纹，以修饰额头。

Step 15

佩戴田园风格的帽饰，使其与发型相结合，能突出少女感。

法式
新娘造型
2

造型手法： 1.两股拧绳；2.单股拧绳；3.抽丝。

造型重点： 1.如果无法确认刘海的位置，可以采用先戴头饰再处理刘海的方法；2.在处理刘海时，要斜向分发片，这样可尽量避免头皮外露，同时刘海会比较伏贴。

Step 01

将左侧区的头发依次内扣并固定。

Step 02

在后区取一缕头发并拧紧。将其用卡子固定在底部发际线的位置。

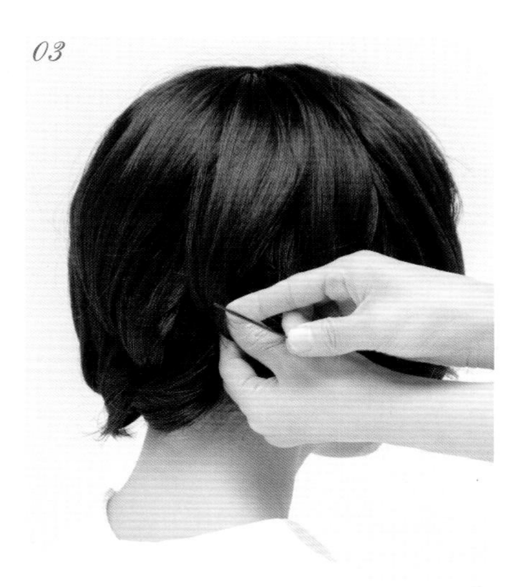

Step 03

在右侧区取出表面的头发，将其内扣并固定在枕骨位置。

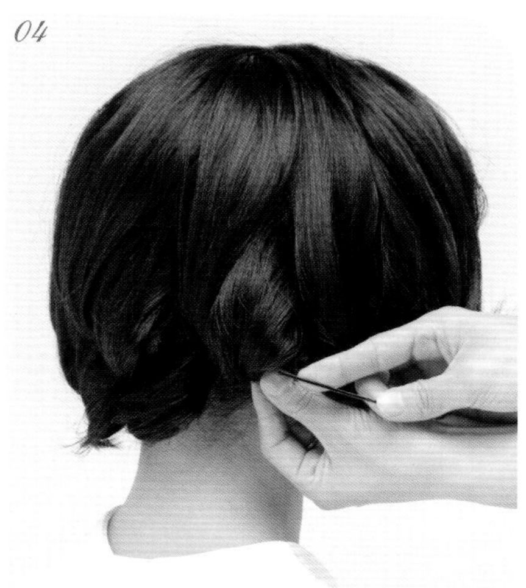

Step 04

在枕骨下方取一缕头发，将其固定在底部发际线的位置。

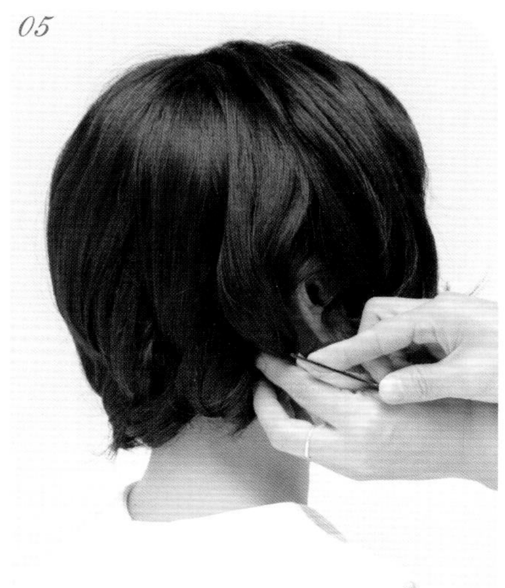

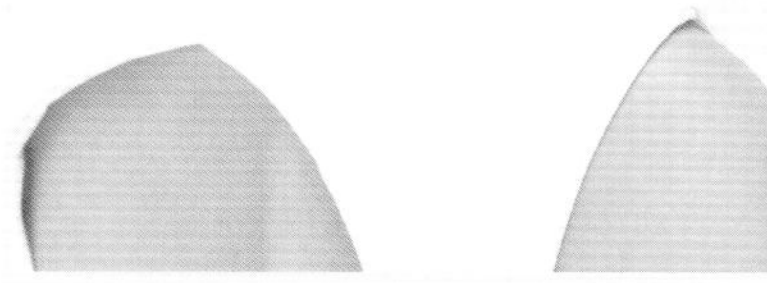

Step 05

在右侧耳上方取一缕头发，将其固定在耳后方，与后面的发卷相衔接。

Step 06

将帽饰戴在头顶偏后处。

Step 07

在左侧刘海区取一缕头发，进行两股拧绳，将其内扣，遮挡发际线并用卡子固定。

Step 08

从固定好的头发中抽出发丝，用来修饰额头。

Step 09

在左侧刘海区再分出一缕头发，进行单股拧绳，然后将其固定在鬓角处。

Step 10

边固定发辫边抽出发丝。

Step 11

将剩余的发尾向上翻转，固定在耳上方。

Step 12

在右侧区分出两缕头发，将其进行两股拧绳处理，然后固定在太阳穴上方。

Step 13

对拧好的发辫进行抽丝处理，以增加层次感。

Step 14

取一缕头发，将其内扣并固定。

Step 15

从固定好的头发中抽出发丝。

Step 16

将剩余的发尾向上翻转并固定，使其与上一缕头发相衔接。

Step 17

用蕾丝流苏饰品遮盖两侧区的瑕疵处，同时与帽饰元素协调搭配。

法式 新娘造型 3

造型手法： 1.手推波纹；2.手撕波纹；3.扎马尾；4.抽丝。

造型重点： 1.具有蓬松感的立体波纹可以为发型增添时尚感，注意波纹与波纹的衔接；2.将马尾扎得松散些，让两侧的头发遮住耳朵，这样可以增添随性感和慵懒的效果；3.从马尾中抽出发丝，使其与刘海的波纹相互呼应。

Step 01

用32号电卷棒将头发烫出内扣纹理。用一只手抓住刘海区头发的发根，用尖尾梳向前推出第一个波纹。

Step 02

用手指撕松刘海区表层的发丝，并喷发胶定型。这样不仅可以修饰脸形，还可以让波纹不死板。

Step 03

继续整理波纹的弧度，并喷发胶定型。可根据波纹的弧度选择是否夹鸭嘴夹。

Step 04

顺着头发原有的弧度整理出第二个波纹，并喷发胶定型。

Step 05

在左侧区用两手相配合，根据头发原有的弧度将头发向前推，让波纹的弧度更加明显。

Step 06

喷发胶固定波纹的弧度。此处不用定位夹是为了让波纹弧度具有蓬松感。

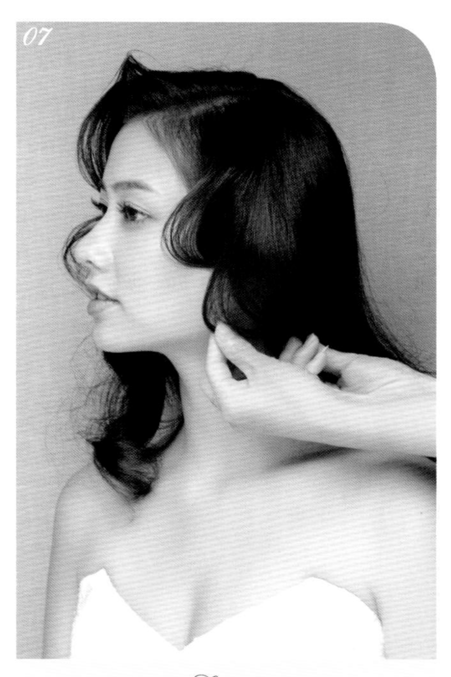

Step 07

将第一个波纹的发尾向耳后梳，然后在第一个波纹后面取发片，用一只手抓住发片，用另一只手向前撕出波纹。要注意波纹相互之间的衔接。

Step 08

对撕好的波纹喷发胶定型。

Step 09

将所有的头发向后扎成低马尾。

Step 10

戴上帽子，然后在马尾中抽出发丝，并喷发胶定型。

Step 11

从马尾中抽出的发丝起伏要大一些，与前区撕松的波纹相互呼应。

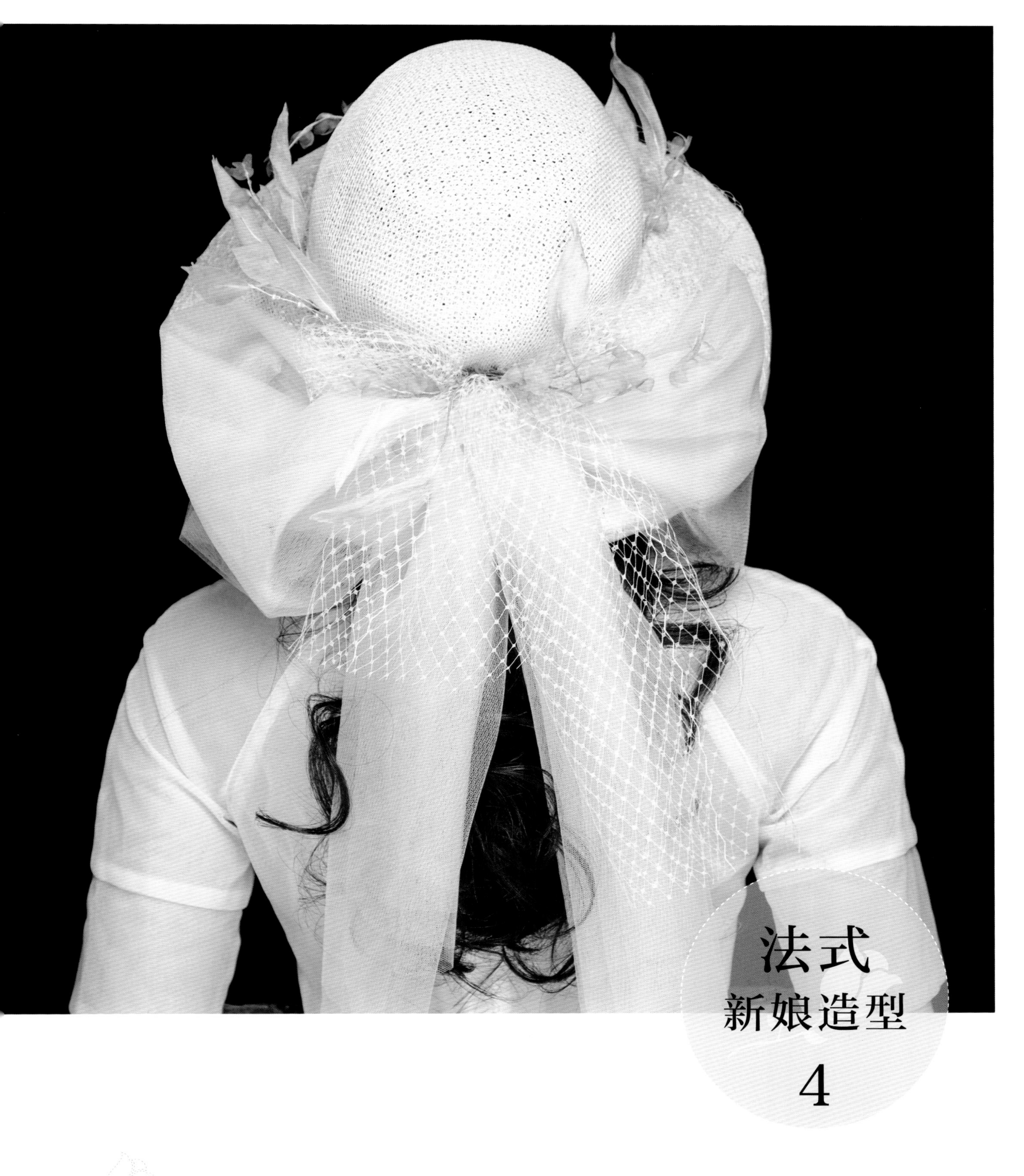

法式新娘造型 4

造型手法： 1.扎马尾；2.抽丝。

造型重点： 这款造型将前额两侧的发丝与后区马尾的发丝相结合，突出浪漫的风格。

Step 01

用32号电卷棒将枕骨下方的头发外翻烫卷，将枕骨上方的头发内扣烫卷，发根要蓬松。在前额两侧留出发丝。

Step 02

将后区所有头发扎成低马尾，然后将扎好的马尾用两手撕蓬松，让马尾看上去更丰盈、饱满。

Step 03

边撕边喷发胶，注意调整发卷的走向，以营造空气感。

Step 04

继续对马尾边抽丝边喷发胶定型。上下左右都需要有卷曲的发丝。

Step 05

戴上欧根纱帽饰，为发型增添浪漫的气息。

Step 06

调整前额两侧的发丝，注意发丝要错落有致。

日系新娘造型

日系新娘造型的重点是突出自然感和蓬松感。具有空气感的发丝纹理，虚实结合的层次，刘海的纹理走向，这些都是日系新娘造型需要注意的地方。另外，日系造型中经常会运用可爱俏皮的公主包，这不仅具有“减龄”效果，还能更好地修饰脸形。

日系
新娘造型
1

造型手法： 1.扎马尾；2.抽丝；3.两股拧绳。

造型重点： 1.顶区的马尾需扎在枕骨位置，不宜过高、过紧，如果过高，下面的头发不容易结合，同时会露出头皮，如果过紧，抽出的发丝会比较毛糙；2.每个区域抽丝的头发要相互衔接，抽丝时要前后错开，以增强发型的层次感。

Step 01

在顶区分出一缕头发，用小皮筋扎成低马尾。

Step 02

将顶区马尾上方的头发一分为二，将马尾从中间向下穿出。

Step 03

用手压住皮筋固定点，然后在头发表面抽出发丝。

Step 04

上下左右相互错开抽丝，使造型饱满。

Step 05

将刘海区右侧的头发一分为二，拉至耳后，进行两股拧绳处理。

Step 06

用鸭嘴夹将拧好的发辫固定在马尾根部的下方。

Step 07

将刘海区左侧的头发一分为二，拉至耳后，进行两股拧绳处理。

Step 08

将两边拧好的发辫扎在一起，固定在马尾根部的下方。

Step 09

在右侧耳后分出两股头发，然后进行两股拧绳处理。

Step 10

用鸭嘴夹将拧好的发辫固定在之前两条发辫固定点的下方。

Step 11

在左侧耳后分出两股头发，然后进行两股拧绳处理。

Step 12

用小皮筋将左右两侧拧好的发辫固定在一起。

Step 13

在拧好的发辫表面抽出发丝。

Step14

继续顺着发辫的弧度抽出发丝。

Step 15

一边抽丝一边调整发型，注意发辫的纹理和层次。

Step 16

将剩余的头发扎成低马尾，然后用大板梳将头发梳通。

Step 17

顺着刘海区头发的弧度喷发胶定型。

Step 18

戴上饰品，以增加层次感。

日系
新娘造型
2

造型手法： 1.抽丝；2.打卷；3.单股拧绳。

造型重点： 1.将分出的每一片头发固定好后，要进行抽丝处理，如果全部固定好后再抽丝，发丝会毛糙，且头发容易松散、变形；2.每个区域要紧凑衔接，这样不易露出头皮；3.顺着刘海区发丝的走向喷发胶定型；4.将头发打造成微卷状态，如发量少，可用玉米夹板烫发，增加发量。

Step 01

将刘海区的头发向后固定在头顶。

Step 02

将表面的头发进行抽丝处理，并喷发胶定型。

Step 03

在右侧横向取发片，将其向上外翻，用卡子固定在中间处。

Step 04

将右侧外翻的头发进行抽丝处理。

Step 05

在左侧横向取发片，将其内扣，用卡子固定在中间处，与右侧外翻的头发相衔接。

Step 06

取右侧的头发，将其向上打卷并固定在上一束发片的下方。

Step 07

对头发表面做抽丝处理，喷发胶定型。

Step 08

在枕骨中间位置横向取发片，将其向上打卷并固定在中间处。

Step 09

用手对打卷的头发进行抽丝处理，喷发胶定型。

Step 10

将左侧的头发用同样的手法向上打卷并固定。

Step 11

顺着发丝的走向进行抽丝处理。

Step 12

在后发区中间取发片，并用同样的手法处理，然后将其固定在上方两片头发的中间位置。

Step 13

将右下方的头发全部往上收，进行打卷处理，并固定在发缝中间。

Step14

在头发的表面做抽丝处理。

Step 15

将后区下方的头发全部向上收，进行向上打卷处理，并固定在发缝中间。

Step 16

将后区左侧剩余的发片向上拧，然后将发尾留在表面。

Step 17

对拧好的发辫进行抽丝处理，然后喷发胶定型。

Step 18

用手将刘海抓出纹理，然后喷发胶定型。佩戴发饰，装饰造型。

日系 新娘造型 3

造型手法： 1.扎马尾；2.抽丝。

造型重点： 1.后区的两条马尾在分发时不要从上到下分，在底部直接分区就好，这样可以遮盖住两条马尾之间的空隙；2.抽丝时可以上下左右交错进行，这样可以让发型的层次感更强，还能让发髻更丰盈、饱满；3.当发型本身比较饱满时，佩戴点缀型的饰品可起到画龙点睛的作用。

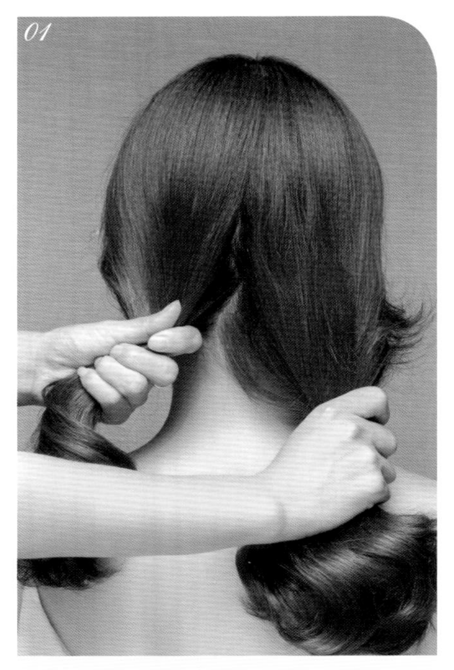

Step 01

将刘海中分，然后将所有头发向后梳，并平均分成两份。

Step 02

将分好的头发分别扎成低马尾，注意马尾可略松。

Step 03

将左侧马尾上方的头发一分为二，将马尾从中间向下穿过。右侧的马尾用同样的手法处理。

Step 04

用手指在两条马尾上方的头发表面抽出发丝，注意发丝可上下错开。

Step 05

将抽出的发丝用发胶定型。

Step 06

在左侧马尾中分出发片，将其向右侧打卷并固定。

Step 07

用同样的手法分发片，打卷并固定。注意发卷相互之间的衔接。

Step 08

将剩余的头发叠加打卷，根据造型的需要进行固定，使造型更加饱满。

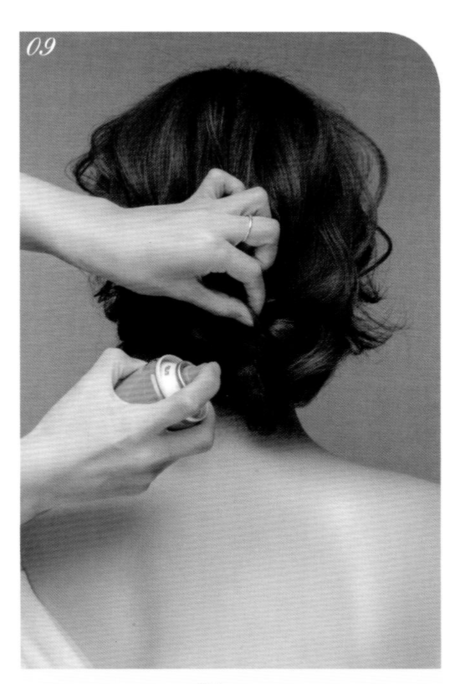

Step 09

对盘好的发卷进行抽丝处理，使其与顶区的发丝相结合。然后喷发胶定型。

Step 10

用手把刘海区的头发撕松散。

Step 11

刘海两侧不饱满的地方可采用不对称的方式抽出发丝，这样更有随意感，能起到“减龄”的作用。

Step 12

佩戴小饰品，以增添造型的层次感和浪漫感。

日系
新娘造型
4

造型手法： 1.扎马尾；2.抽丝；3.打卷。

造型重点： 1.两条马尾要扎得紧一些，这样对发尾进行打卷处理时才会更加牢固；2.将两条马尾结合成一个发髻时，需要边固定边调整形状。

Step 01

把所有的头发梳向后区，然后分成上、下两部分，将其分别扎马尾。

Step 02

用一只手按住上面马尾扎皮筋的位置，用另一只手对马尾上方的头发进行抽丝处理。

Step 03

间隔抽丝，同时喷发胶定型。

Step 04

在上面的马尾中分出发片，将其向上外翻，打卷并固定。

Step 05

将剩余的发尾继续外翻，打卷并固定。

Step 06

将上面的马尾中剩下的发片向上外翻并打卷，使其与其他发卷自然衔接，然后用卡子固定。

Step 07

将剩余的发尾继续外翻，打卷并固定。

Step 08

在下面的马尾中分出发片，然后用同样的手法处理，使其与上面的发卷相衔接。

Step 09

将剩余的发尾外翻并打卷，将其固定在发髻不饱满的位置。

Step 10

将最后一束发片用同样的手法向上外翻，打卷并固定。

Step 11

将剩余的发尾外翻并打卷，将其固定在发髻不饱满的位置。注意调整发髻的形状和纹理。

Step 12

在前区调整发丝纹理的走向并喷发胶定型。

日系
新娘造型
5

造型手法： 1.两股拧绳；2.推发；3.抽丝。

造型重点： 1.抽丝时发丝不宜抽得过多，这样在推发后形成的小发髻才会有层次、不毛糙；2.在推发的过程中，头发需拧得略紧一些，抽丝后头发应松度适中。

Step 01

在刘海区分出两股头发，进行两股拧绳处理，然后抽出发丝。

Step 02

抽丝后用一只手抽出一小缕头发，然后抓住发尾，将发辫中剩余的头发向发根推，推出一个发髻。

Step 03

调整好发髻的蓬松度，用卡子将其固定在顶区。

Step 04

将右侧区的头发分成两股，进行两股拧绳处理，然后抽出发丝。

Step 05

抽丝后用一只手抽出一小缕头发，然后抓住发尾，将发辫中剩余的头发向发根推，推出第二个发髻。

Step 06

将此发髻与上一个发髻相结合并用卡子固定。

Step 07

将左侧区的头发分成两股，进行两股拧绳处理，然后抽出发丝。

Step 08

抽丝后用一只手抽出一小缕头发，然后抓住发尾，将发辫中剩余的头发向发根推，继续推出第三个发髻。

Step 09

将第三个发髻拧转并固定在顶区，使其与其他发髻相衔接。

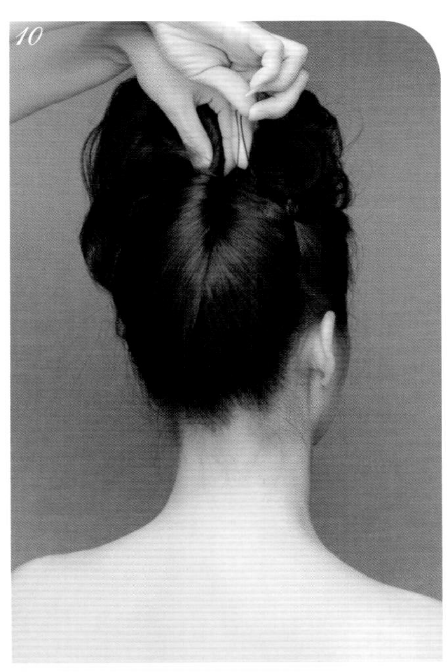

Step 10

将后区的头发全部向上拧，然后用卡子固定在枕骨上方。

Step 11

在发尾中分出两股头发，进行两股拧绳处理，然后抽出发丝。

Step 12

将处理好的发辫向上拧转，与顶区的发髻衔接并固定。

Step 13

将后区剩下的发尾分成两股，进行两股拧绳处理，然后抽出发丝。

Step 14

将处理好的发辫拧转并固定在顶后区发髻的空缺处。

Step 15

对发髻进行抽丝处理，边抽边喷发胶，调整发髻的层次和纹理。

Step 16

调整左右两侧耳朵处的头发，对其喷发胶，将其做出飘逸的效果。

Step 17

在颈部戴上饰品，衬托造型，使造型更加完美。

日系新娘造型 6

造型手法： 1.三股编发；2.两股拧绳；3.抽丝。

造型重点： 1.佩戴的头纱不宜过长，过长的头纱会让发型变形；2.头纱和头饰结合使用时，注意不要在面部有太多褶皱；3.饰品可根据脸形调整位置，以起到更好的修饰作用。

Step 01

将所有头发以S形分成左、右两区。

Step 02

将左侧的头发采用三股编发的手法编至发尾，并用皮筋固定，留着备用。

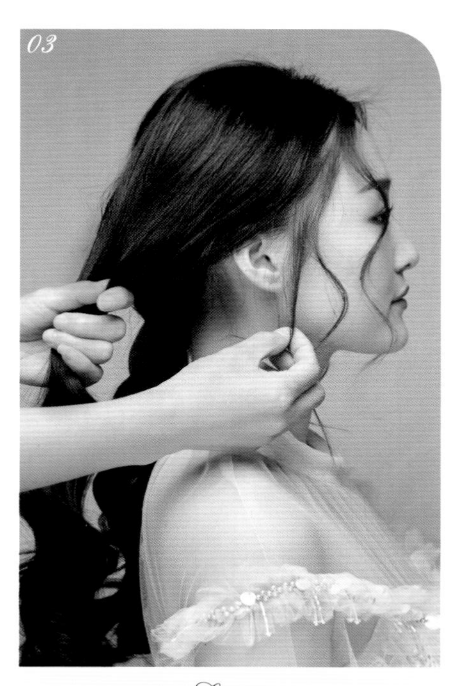

Step 03

在右侧前额位置留出几缕发丝，以修饰脸形。

Step 04

将右侧剩余的头发采用三股编发的手法编至发尾，并用皮筋固定。

Step 05

将两条发辫交叉缠绕至发尾，然后拧成发髻，固定在枕骨下方。用手调整好发髻的形状。

Step 06

佩戴头纱饰品，增添浪漫感与神秘感。

日系
新娘造型
7

造型手法： 1.单股拧绳；2.不规则烫发；3.抽丝。

造型重点： 1.在进行不规则烫发时，每股头发的卷入位置都不同，要高低穿插并错开；2.每股头发的加热时间都不同，这样烫出的头发才更有层次感，也更饱满。

Step 01

在刘海区取一缕头发，进行单股拧绳处理，然后用卡子将其固定在发缝处。

Step 02

再向右分出一缕头发，进行单股拧绳处理，然后用卡子将其固定在发缝处。从拧好的头发中抽出少许发丝。

Step 03

在右侧分出一缕头发，进行单股拧绳处理，然后用卡子将其固定在耳上方。将剩余的发尾放在后区的头发里。

Step 04

在左侧分出一缕头发，进行单股拧绳处理，然后用卡子将其固定在发缝处。

Step 05

在左侧向下分出一缕头发，进行单股拧绳处理，然后用卡子将其固定在耳上方。

Step 06

在后区随意分出一缕头发，从发根开始烫卷。

07

Step 07

再分出一缕头发，将其错开烫卷。

08

Step 08

连续分出多缕头发，无规则地上下穿插着烫发，让头发更有灵动感。

09

Step 09

用手撕开烫好的头发，然后喷发胶定型。

10

Step 10

在额前位置抽出发丝，以修饰额头。

11

Step 11

在左右两侧抽出发丝，并喷发胶定型，以制造灵动感。

12

Step 12

佩戴饰品，修饰抽丝发型。

轻复古新娘造型

说到复古造型，有些人会觉得过于成熟。轻复古新娘造型是复古与时尚的结合，复古而不老气，时尚而不脱俗，既有复古和怀旧的感觉，又有浪漫和俏皮的感觉。在造型中，会用到传统的打卷、手推波纹等手法，同时与当下流行的造型手法相结合，再搭配精美的饰品，使整个造型更富有时尚感。

轻复古
新娘造型
1

造型手法： 1.手推波纹；2.撕发。

造型重点： 1.这款造型的波纹较松散，适合头发较少的新娘，而且这种手推波纹不贴于面部，会让发型显得丰盈、饱满；2.每烫好一缕头发，就用鸭嘴夹固定，以便让头发的弧度更持久；3.注意鸭嘴夹的固定位置和方向。

Step 01

将前区的头发中分，然后将后区的头发用25号电卷棒全部内扣烫卷，并用大板梳梳通。接着用手抓住前区右侧的头发，配合尖尾梳把波纹往前推。

Step 02

用鸭嘴夹从后向前固定波纹，让波纹更好地贴于面部。

Step 03

用手抓住下一个波纹，然后用尖尾梳梳通发尾，无须用卡子固定，这样可保留头发的蓬松感。

Step 04

整理多余的碎发，同时喷发胶对碎发加以定型。

Step 05

左侧用同样的手法做出第一个波纹。

Step 06

用鸭嘴夹从后向前固定波纹。

Step 07

用尖尾梳梳通发尾，保留发尾的卷度，然后用定位夹暂时固定。

Step 08

将后区的头发用尖尾梳梳理光滑。

Step 09

在后区波纹的凹陷处用鸭嘴夹固定。

Step 10

整理表面的碎发，同时在鸭嘴夹固定的位置喷发胶定型。

Step 11

将多出来的小发尾用定位夹固定。待发胶干后取下鸭嘴夹和定位夹。

Step 12

将波纹用手撕开，让整体造型多一些灵动感。

Step 13

调整每个波纹的细节。

Step 14

佩戴多层次的头饰，让轻复古发型显得可爱而清新。

造型手法： 1.手推波纹；2.打卷。

造型重点： 1.在做造型之前，先用25号电卷棒将头发全部内扣烫卷，然后用大板梳全部梳通，让所有头发朝同一个方向卷曲，以便设计波纹和卷筒；2.脸颊两侧的发丝可以很好地修饰脸形，但不宜过多，以免喧宾夺主；3.不要用过于复杂的装饰，佩戴头纱发带和仿真花，可使整体发型不失甜美。

Step 01

将刘海三七分，然后将右侧的刘海用尖尾梳向前推出弧度，并将鸭嘴夹固定在波纹处。

Step 02

将左侧刘海用尖尾梳顺着弧度梳理，然后用定位夹将其固定在鬓角处。

Step 03

对固定好的头发喷发胶定型。

Step 04

从左侧分出一束发片，将其向右侧打卷并固定。

Step 05

分出第二束发片，将其向右侧打卷并固定。

Step 06

分出第三束发片，将其向右侧打卷并固定。

Step 07

采用同样的手法一直处理到右侧。注意右侧的发卷要与刘海及后区的头发衔接好。

Step 08

将发尾继续做打卷处理，并用卡子固定。

Step 09

将比较短的头发用尖尾梳顺着卷的弧度梳理干净。

Step 10

对每一个卷筒喷发胶定型，并将其整理干净。

Step 11

对定型不牢固的碎发可用小定位夹暂时固定。

Step 12

在脸颊两侧抽出发丝，修饰脸形，并增加发型的灵动感。

Step 13

戴上发带，用卡子将其固定。发带类饰品具有很好的“减龄”效果。

Step 14

搭配永生花，让轻复古造型摆脱成熟、老气的感觉。

轻复古
新娘造型
3

造型手法： 手推波纹。

造型重点： 1.这款发型是圆脸形、短脸形的新娘的佳选，因为刘海拧起的小发包可以很好地拉长脸形；2.根据新娘头发的多少来决定是否用鸭嘴夹进行固定，头发多时可用鸭嘴夹固定，这样头发会更伏贴，头发少时可不用鸭嘴夹固定，以保留头发的蓬松效果。

Step 01

用25号电卷棒将头发全部内扣烫卷。将刘海三七分，将右侧刘海斜向后固定成小发包，高度根据新娘的脸形调整。

Step 02

将右侧剩余的头发用手和尖尾梳配合，向前推出波纹。

Step 03

继续向下推出波纹。

Step 04

将左侧的头发也用手和尖尾梳配合，向前推出波纹。

Step 05

在左侧额角处用小定位夹固定，让波纹的弧度更加明显。

Step 06

将碎发整理干净，喷发胶定型。

Step 07

将后区的头发用尖尾梳梳顺。

Step 08

整理后区多余的碎发，喷发胶定型。

Step 09

佩戴流苏类的发饰，让整体发型多元化，并透出可爱感。

轻复古新娘造型 4

造型手法： 手推波纹。

造型重点： 1.为了体现蓬松立体的波纹效果，鸭嘴夹只夹在波纹凹陷处；2.将后发际线处的头发用卡子收起并固定。

Step 01

用25号电卷棒将头发烫卷，然后用大板梳全部梳通。

Step 02

将右侧的刘海用小定位夹横向固定，让刘海支撑起来。

Step 03

在固定小定位夹的位置喷发胶定型。

Step 04

用手将右侧头发顺着烫好的弧度按住，用尖尾梳把发尾梳通。

Step 05

在枕骨位置（弧度凹陷的位置）将右侧的头发用鸭嘴夹固定。

Step 06

继续向左侧用鸭嘴夹固定头发，注意鸭嘴夹与鸭嘴夹要衔接好。

Step 07

将发尾的头发梳理干净，然后喷发胶定型。

Step 08

将多出来的小发尾用卡子固定，注意将卡子藏起来。

Step 09

在头顶戴上藤条，当作发带。

Step 10

在波纹凹陷处戴上饰品，让发型显得更加饱满。

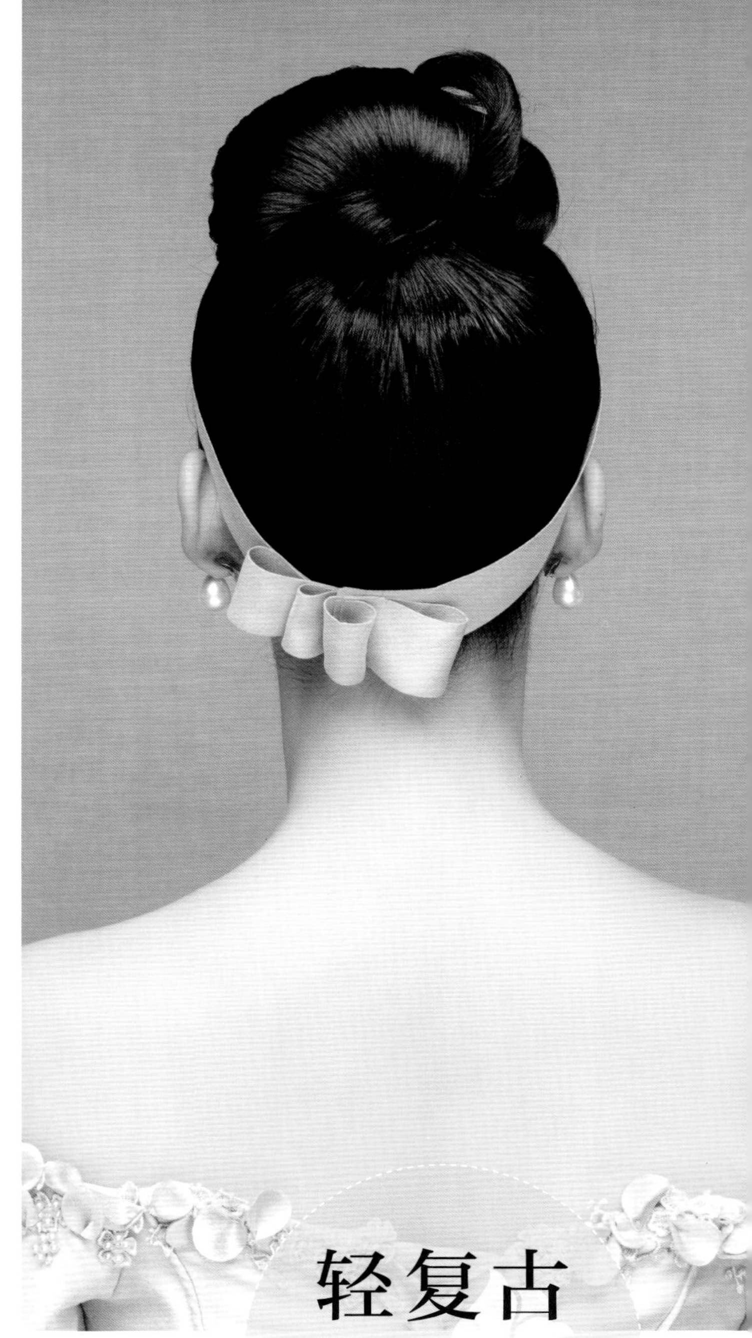

轻复古
新娘造型
5

造型手法： 1.扎马尾；2.借发；3.打卷。

造型重点： 1.借发时头发的厚度要适中，头发不能太碎，否则打造出的刘海会很单薄，修饰性较弱；2.借发的衔接处可用发带类饰品修饰，同时发带类饰品也可增强复古感。

Step 01

将所有的头发扎成一条干净的高马尾。

Step 02

在扎好的马尾中分出一小份头发。

Step 03

将分出的头发向前摆，用发尾遮挡住额头，制造出假刘海的效果。

Step 04

用卡子固定假刘海。

Step 05

用发带遮盖固定刘海的卡子。

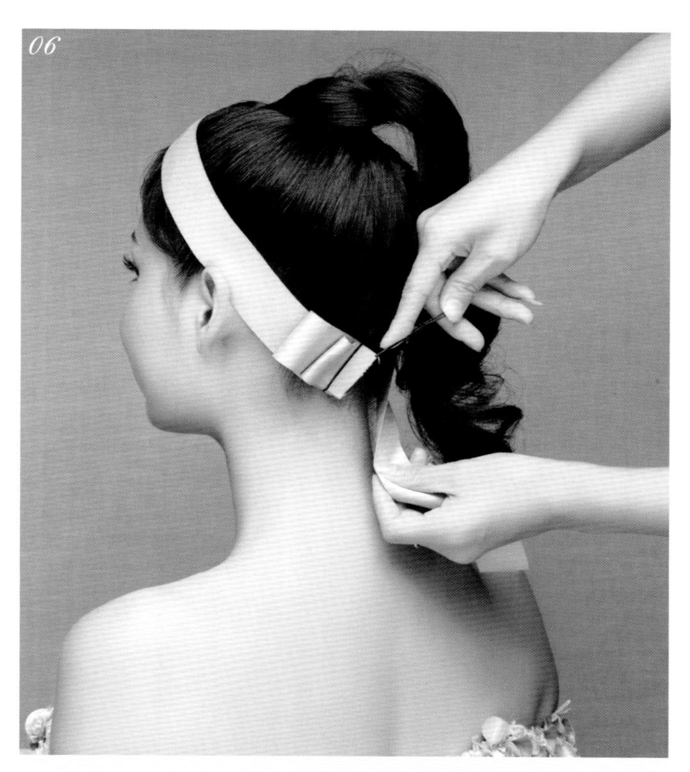

Step 06

将发带衔接处叠成蝴蝶结。

Step 07

将剩余的头发向前内扣，打卷并用卡子固定。

Step 08

将发尾连续向前内扣，打卷并固定。然后整理碎发。注意头发过多时可先用皮筋局部固定，再用卡子固定皮筋。

轻复古新娘造型 6

造型手法： 1.手推波纹；2.打卷。

造型重点： 1.刘海区将手推波纹和打卷的手法相结合，注意在波纹与发卷的结合处用鸭嘴夹紧贴头皮固定，这样波纹才会更伏贴；2.打卷的刘海要修饰新娘的脸形，并遮挡住发际线。

Step 01

用鸭嘴夹固定刘海发根处，将头发支撑起来。

Step 02

在第一个波纹凸起处用鸭嘴夹固定。

Step 03

在第一个波纹凹陷处用鸭嘴夹固定。

Step 04

在第二个鸭嘴夹的下方分出一束发片，将其斜向后外翻打卷，并用卡子固定。

Step 05

再分出一束发片，将其进行反向外翻打卷，并用卡子固定，这样可让头发的层次更明显。

Step 06

将剩余的头发继续向后反向打卷，并用卡子固定。

Step 07

用同样的手法将发尾打卷，并固定在造型不饱满的位置。

Step 08

用手和尖尾梳配合，将左侧区的头发向前推出第一个波纹。

Step 09

在波纹向前凸起处用鸭嘴夹固定。

Step 10

在波纹结束的位置用鸭嘴夹固定。

Step 11

将左侧区的部分头发向前做外翻打卷处理，并用卡子固定。

Step 12

将左侧区剩余的头发进行反向外翻打卷处理，并用卡子固定。

Step 13

将发尾做成卷筒，固定在造型不饱满的位置。

Step 14

在后区左侧取一大片头发，将其向上打卷并固定。

Step 15

将剩余的发尾向左侧打卷并固定。

Step 16

在后区继续取发片，将其用同样的手法进行打卷处理，使其与左侧的卷筒自然衔接。

Step 17

将剩余的发尾用定位夹固定。注意此处要喷发胶定型，否则容易把上一个卷筒夹得变形。

Step 18

在后区右侧取一束发片，将其外翻打卷并固定。

Step 19

将剩余的发尾用定位夹固定。

Step 20

将右侧区的头发进行内扣打卷处理，使其与刘海区的发卷衔接好。

Step 21

将发尾进行连续内扣打卷处理，并将其固定在上方的卷筒下面。

Step 22

将发尾用定位夹固定。

Step 23

将剩余的发片进行连续外翻打卷处理，并使其与其他卷筒相衔接，以起到补充的作用。最后戴上饰品，点缀造型。

轻复古
新娘造型
7

造型手法： 1.对折；2.扎发卷。

造型重点： 1.新娘后顶区不饱满，可通过倒梳来增加发量；2.刘海区的发卷与发卷之间要交错叠加，每个发卷都要干净、不毛糙；3.用刘海遮盖额角；4.用电卷棒烫发尾时，尽量将上面的头发一起烫，这样头发才会更加整齐、干净。

Step 01

在刘海区取一缕头发，将其对折，并用皮筋固定发根，以起到定型的作用，再用卡子在皮筋处固定。

Step 02

在刘海区后方分出一缕头发，将其对折，然后用皮筋固定。

Step 03

将固定好的头发挨着第一个发卷用卡子叠加固定。

Step 04

在两缕头发中间继续分出一缕头发，将其对折，然后用皮筋固定。

Step 05

将固定好的头发与前两个发卷错开并叠加固定，注意发丝的干净度。

Step 06

在顶区继续分出一缕头发，将其对折，然后用皮筋固定。

Step 07

在发卷与发卷之间的空缺位置用卡子固定。

Step 08

戴上发带类饰品，以凸显复古感。

Step 09

将后区的头发梳理干净，然后将鸭嘴夹固定在枕骨下方。

Step 10

用25号电卷棒将发尾向上外翻烫卷，这样可让头发更整齐。

Step 11

在发带前点缀小饰品，使其与耳环上下呼应。

轻复古
新娘造型
8

造型手法： 1.烫发；2.手推波纹；3.内扣。

造型重点： 1.做造型之前，先用25号电卷棒将所有的头发内扣烫卷，注意发根要烫蓬松；2.刘海波纹需要用手撕出纹理和空间感，让略显成熟的手推波纹具有时尚感；3.根据新娘后区发卷的整齐度来确定是否用鸭嘴夹固定，卷度不整齐的可用鸭嘴夹固定。

Step 01

将所有的头发用25号电卷棒烫卷。将刘海三七分，然后在左侧鬓角处留出一缕发丝。

Step 02

将右侧刘海顺着头发的弧度在太阳穴处推出波纹，然后喷发胶定型。此处可不用卡子固定，这样可以保留头发的蓬松感。

Step 03

用同样的手法推出第二个波纹。第二个波纹在下颌骨的位置，这样可起到修饰脸形的作用。

Step 04

推好波纹后，将剩余的发尾做成内扣卷，并固定在耳后位置，然后将发尾与后区的头发相结合。

Step 05

将后区的头发用大板梳梳理干净，然后将波纹梳理整齐，喷发胶定型。

Step 06

把条状纱折叠成发带状，并将其固定在顶区。佩戴羽毛类饰品，使其与纱相结合。

轻复古
新娘造型
9

造型手法： 手推波纹。

造型重点： 1.单个波纹对脸形的修饰性较强，既有复古的味道又不失时尚感，还可以摆脱多个波纹处理得不好而显成熟的尴尬；2.整体造型要干净、饱满。

01

Step 01

用25号电卷棒将所有的头发内扣烫卷，注意发根要烫蓬松。

02

Step 02

用大板梳把烫好的头发梳通，然后用尖尾梳梳顺。

03

Step 03

在左侧区发根处用小定位夹定型，让下面的波纹更加立体。

04

Step 04

顺着卷发的弧度，用尖尾梳向前推出大波纹，然后喷发胶定型。

05

Step 05

在刘海区同样用小定位夹在发根位置固定，让头发更显立体。

Step 06

用左手抓住发根，用尖尾梳顺着头发卷曲的弧度梳出波纹。

Step 07

用手抓住波纹结束的凹陷处，用尖尾梳将发尾向上梳理出外翻的效果。

Step 08

将后区的头发用鸭嘴夹连续固定在枕骨下方。

Step 09

用发胶由下向上喷，使发尾定型。注意整理好碎发。

Step 10

定型后取下鸭嘴夹，佩戴饰品。

轻复古新娘造型 10

造型手法： 1.手推波纹；2.内扣；3.打卷。

造型重点： 1.两侧区的波纹不要对称，可相互错开，在修饰脸形的同时让波纹不显死板；2.后区的头发无须整理得特别整齐，顺着头发的卷度直接进行单股拧绳和打卷处理，固定出饱满的效果即可，头发自然的卷度会让发型的层次更鲜明。

Step 01

用左手抓住刘海区的头发，然后用尖尾梳向前推出波纹。

Step 02

将刘海区的头发顺着第一个波纹勾住，利用头发原有的弧度推出第二个波纹。

Step 03

喷发胶固定波纹。

Step 04

将剩余的发尾向耳后内扣，并用卡子固定。

Step 05

左侧区的头发同样用尖尾梳向前推出波纹。可根据波纹的情况确定是否用鸭嘴夹固定。

Step 06

将发尾向耳后内扣，并用卡子固定。

Step 07

将后区的头发顺着卷度内扣打卷并固定。

Step 08

将发尾外翻并内扣打卷。

Step 09

将剩下的头发内扣打卷并固定在枕骨下方。然后连续打卷，将发尾收起并固定。

Step 10

佩戴饰品。造型完成。

新娘造型手法解析篇

5 抽丝新娘造型

6 打卷新娘造型

7 复古波纹新娘造型

8 片接假发新娘造型

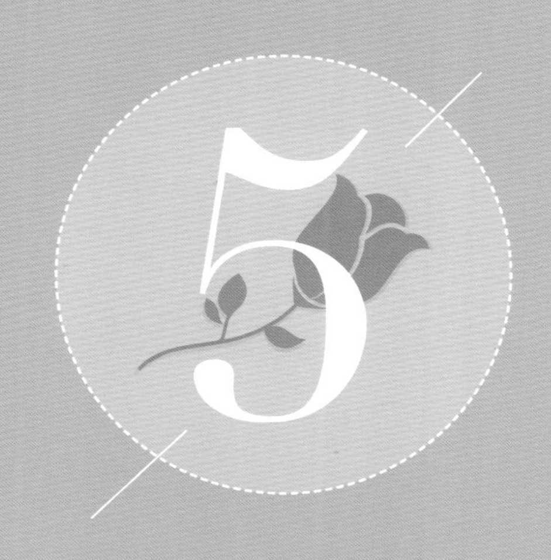

抽丝新娘造型

抽丝手法是当下非常流行的造型手法，既可以单独做造型，也可以与其他手法相互配合。运用抽丝手法做出的造型具有轻盈的发丝，能够营造出浪漫而随意的感觉。抽丝手法常与单股拧绳或两股拧绳手法结合使用，可以让头发的层次看起来更加丰富。要注意的是，在抽丝之前头发应该光滑、干净，这样抽出来的发丝才不易乱。要按照头发原有的走向进行抽丝，而且抽出的发丝要有高有低，有粗有细，有前有后，这样才能营造出随意的感觉，不会死板。

单股抽丝

1

Step 01

将所有的头发向后梳理，无须分发。然后将两侧区的头发在枕骨处用皮筋固定。

Step 02

将马尾向上翻转并从中间由上向下穿过，从而让头发更紧实。

造型手法： 1.扎马尾；2.单股抽丝。

造型重点： 1.在做造型之前，先用25号电卷棒将枕骨以下的头发外翻烫卷，将枕骨以上的头发内扣烫卷，这样可以让顶区的头发显得饱满，同时让发卷很好地结合在一起；2.扎马尾时要将头发梳顺，不要过于毛糙，整理干净后再抽丝，以免头发不干净、凌乱。

03

Step 03

翻转后从右侧的头发中抽出发丝，以增加层次感。

04

Step 04

从左侧的头发中抽出发丝。

05

Step 05

整理碎发并调整发丝的走向，喷发胶定型。

06

Step 06

将两耳后的头发固定在枕骨下方。

07

Step 07

将马尾向上翻转并从中间由上向下穿过，从而让头发更紧实。

08

Step 08

在左右两侧分别抽出发丝，注意发丝与发丝之间的衔接。

09

Step 09

喷发胶定型，在整理碎发的同时调整发丝的走向。

10

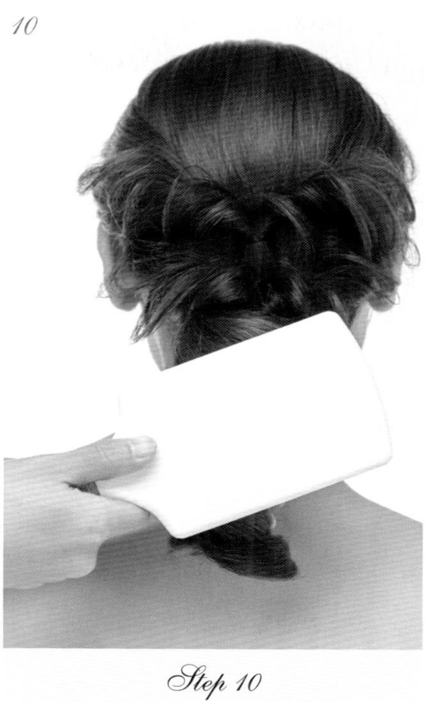

Step 10

将剩余的头发用大板梳梳通。

11

Step 11

在整理好的发卷上用手抽出发丝。

12

Step 12

边抽发丝边喷发胶定型。

13

Step 13

梳理刘海时要注意层次感和空间感。

14

Step 14

佩戴发饰，可以让整体造型显得优雅、干净。

单股抽丝 2

造型手法： 1.单股拧绳；2.抽丝；3.扎马尾。

造型重点： 1.后顶区的发包不需要用卡子固定，将头发表面梳理光滑后喷发胶定型即可；2.两侧区单股拧绳的头发不宜拧得过紧，无须喷发胶，以便于抽丝；3.将后区的头发用卡子固定时不要将后顶区的发包夹得变形。

Step 01

用25号电卷棒将枕骨以下的头发外翻烫卷，将枕骨以上的头发内扣烫卷。留出前额处的发丝，以修饰脸形。

Step 02

将顶区的头发倒梳，以增加发量。

Step 03

将头发的表面梳理光滑，然后整理碎发，并喷发胶定型。

Step 04

将刘海三七分，然后将右侧的刘海向斜后方进行单股拧绳处理，然后固定在耳后。

Step 05

在左侧刘海区留出前额发丝。

Step 06

将左侧的刘海向斜后方进行单股拧绳处理，然后固定在耳后。

Step 07

将发尾继续向后拧绳，然后固定在枕骨下方。

Step 08

在刘海区抽出发丝，发丝的高度要根据新娘的脸形进行调整。

Step 09

在右侧抽出发丝。

Step 10

在左侧同样抽出发丝，然后喷发胶定型。注意发丝与发丝间的衔接。

Step 11

在后区同样进行抽丝处理。

Step 12

将剩余的头发扎成马尾。

Step 13

将马尾内扣。

Step 14

再次用皮筋将马尾固定。

Step 15

将剩余的发尾由内向外翻转，盖住皮筋。在有碎发的地方用定位夹固定。

Step 16

佩戴发箍头饰。

Step 17

取下定位夹，用U形卡再次固定。

Step 18

将刘海区的发丝用25号电卷棒烫出卷度，同时用手将发卷撕出层次。

单股抽丝

3

造型手法： 1.单股拧绳；2.外翻；3.两股拧绳；4.抽丝。

造型重点： 1.用25号电卷棒烫发的时候，应采用一缕内扣、一缕外翻的方式，尽量烫到发根处；2.用手梳理头发的同时可适量涂抹精油，让头发变得柔顺、光亮，然后进行造型。

Step 01

将刘海采用Z形分区。

Step 02

将一朵鲜花固定在右侧额角处，用来修饰额角。

Step 03

在右侧发缝处取一缕头发，进行单股拧绳，包裹住花枝并固定，以遮盖穿帮的位置。

Step 04

再选择一朵鲜花，将其固定在靠近太阳穴的位置。

Step 05

将鬓角处的头发进行外翻，用其包裹住花枝并固定。

Step 06

在刘海的发缝位置分出两股头发，进行两股拧绳处理。然后将其与刘海后侧的头发衔接。

Step 07

将拧好的头发与包裹花枝的头发衔接并固定。

Step 08

选择一朵鲜花，固定在左侧额角处。

Step 09

在发缝处取一缕头发，用其包裹住花枝并固定。

Step 10

再选择一朵鲜花，将其固定在靠近太阳穴的位置。

Step 11

继续选择一朵鲜花，将其固定在之前两朵鲜花的中间，以突出层次感。

Step 12

将一朵鲜花固定在耳尖上方。注意每束鲜花要错开固定。

Step 13

在耳上方取一缕头发，将其进行内扣，然后包裹住花枝并固定。

Step 14

对后区的头发进行抽丝处理，并喷发胶定型。

Step 15

对前区的头发进行抽丝处理，突出发型的灵动感和层次感。

Step 16

再次调整发丝的高度和位置，然后喷发胶定型。

单股抽丝

4

造型手法：1.单股拧绳；2.抽丝。

造型重点：1.在做造型之前，先用25号电卷棒将枕骨以下的头发外翻烫卷，将枕骨以上的头发内扣烫卷，发根要烫蓬松；2.根据新娘头发的多少和长短来决定后区头发的分区，头发多且长可少分区，头发少且短可多分区。

Step 01

从刘海区表面取一缕头发，将其向后进行单股拧绳处理，并用卡子固定。

Step 02

在拧好的小发包上进行抽丝处理，并喷发胶定型。

Step 03

在后顶区分出发片，向上松散地拧转，并用卡子固定在头顶处。

Step 04

将发尾随意拧转并固定成小发髻。

Step 05

围绕中间的小发髻依次取发片，并向上拧转，然后围绕小发髻用卡子固定。

Step 06

将发尾叠加固定在小发髻上，让发型更饱满、立体。

Step 07

将后区剩下的头发分成左、右两份，然后将右侧一份向上拧转，围绕小发髻固定，让造型更加饱满。

Step 08

将发尾根据发髻的大小和形状进行固定，以填补空缺处。

Step 09

将最后一束发片向上拧转，同样固定在小发髻的周围。

Step 10

将发尾在发髻的下方摆出纹理效果，让发髻的层次更加鲜明。

Step 11

在后区抽出小碎发，并喷发胶定型，使发型更有层次感。

Step 12

佩戴发箍类饰品与小头纱，让发型更加清新、可爱。

Step 13

将前额留出的发丝用25号电卷棒内扣烫卷。

Step 14

将烫卷后的发丝用手撕出层次。

Step 15

调整发丝的形状并喷发胶定型。

两股抽丝

1

Step 01

用25号电卷棒将全部头发内扣烫卷。

Step 02

用手把烫卷的头发全部撕开，并在前区发际线处留出一些发丝。

造型手法： 1.两股拧绳；2.抽丝。

造型重点： 1.对后区的头发进行分片拧绳处理时不要露出头皮，可拧得松一些；2.后发际线处的头发过短，拧不起来，可用小定位夹依次排列固定，再喷发胶定型。

Step 03

取刘海区和顶区的头发。

Step 04

将所取的头发在头顶的位置进行两股拧绳处理，拧至发尾。

Step 05

将拧好的头发盘在头顶处，并用卡子固定。

Step 06

在剩余的头发中，把枕骨以上的头发分成两股，然后进行两股拧绳处理。

Step 07

将拧好的头发与上一个发髻相结合，并用卡子固定。

Step 08

将后区剩余的头发分成两股，进行两股拧绳处理。

Step 09

将头发向上拧转，用卡子固定，注意与上方头发的衔接。

Step 10

将前区留出的头发用25号电卷棒内扣烫卷。

Step 11

将烫好的发卷上下撕开，然后整理好卷度。

Step 12

对撕好的发卷喷发胶定型。

Step 13

在后区进行抽丝处理，使造型更加饱满，并喷发胶定型。

Step 14

选择鲜花饰品，使其与灵动的发丝相结合。造型完成。

两股抽丝

2

01

Step 01

烫发后用大板梳把头发梳通，然后整理碎发并喷发胶定型。

02

Step 02

在枕骨下方下一排卡子，使脑后的头发形成发包。

造型手法： 1.两股添加拧绳；2.抽丝。

造型重点： 1.用32号电卷棒将头发内扣烫卷，让头发呈微卷的状态，如果头发很硬或很软，可用25号电卷棒内扣烫卷；2.如果脑后的发包不饱满，可采用倒梳的手法使其圆润、饱满；3.在进行两股拧绳处理时要让头发伏贴，不宜太蓬松。

03

Step 03

将刘海中分，然后在右侧分出两股头发，将其采用两股添加拧绳的手法进行处理。

04

Step 04

将头发拧至枕骨下方，然后用其遮盖住发包下方的卡子并固定。

05

Step 05

将左侧刘海采用同样的手法处理。

06

Step 06

将头发拧至枕骨下方，然后用其遮盖住发包下方的卡子并固定。

07

Step 07

用大板梳将剩余的发尾全部梳顺。

08

Step 08

用鸭嘴夹在梳顺的波纹处固定。

09

Step 09

整理碎发并喷发胶定型。如果头发较短，可以分段喷发胶进行整理。

10

Step 10

在波纹凹陷处用鸭嘴夹固定。

11

Step 11

顺着发尾的卷曲弧度喷发胶定型。注意发尾内扣或者外翻均可。

12

Step 12

将两侧的刘海向后梳理，使其与侧区的头发自然衔接。

13

Step 13

佩戴饰品，然后对右侧的刘海进行分段抽丝处理。边抽丝边调整形状，同时喷发胶定型。

14

Step 14

对左侧的刘海进行抽丝处理，同时调整发丝的走向。

3

造型手法： 1.两股添加拧绳；2.抽丝。

造型重点： 1.对所有头发进行竖向分区，发缝要整齐，不要露出头皮；2.如果拧好的头发不易抽出发丝，则可用手抓住固定的位置再进行抽丝，这样头发就不会松散了；3.鲜花饰品的色彩需与妆容相呼应。

Step 01

在右侧发际线处留出一些头发。然后在右侧分出两股头发，将其进行两股添加拧绳处理。

Step 02

将头发拧至枕骨下方并固定。然后在右侧头顶处分出两股头发，将其进行两股添加拧绳处理。

Step 03

将头发拧至枕骨下方并固定。

Step 04

在顶区分出两股头发，将其进行两股添加拧绳处理。

Step 05

将头发拧至发尾，并固定在枕骨下方。

Step 06

在左侧头顶的位置分出两股头发，将其进行两股添加拧绳处理。注意在发际线处留出一些发丝。

Step 07

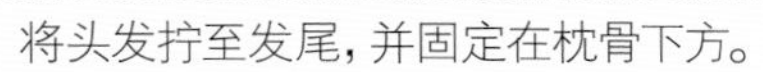

将头发拧至发尾，并固定在枕骨下方。

Step 08

在左侧耳朵上方分出两股头发，将其进行两股添加拧绳处理。

Step 09

将头发拧至枕骨下方并固定。

Step 10

按住用卡子固定的位置，然后对发辫进行抽丝处理，并喷发胶定型。

Step 11

将后区的碎发收好并固定。注意抽丝的弧度。

Step 12

佩戴多种色彩的鲜花。

Step 13

用25号电卷棒将留出的头发烫卷。

Step 14

根据想要的发丝效果选择内扣或外翻的手法进行烫发。

Step 15

把烫卷的头发上下撕开。

Step 16

对整理好的发丝喷发胶定型。

零分区

抽丝

造型手法： 抽丝。

造型重点： 1.将所有头发向后梳理，不要分区，注意整体发丝的走向，不要散落和露出头皮；2.枕骨区如果不饱满，可选用倒梳的手法处理，让其饱满。

Step 01

用大板梳将头发从前向后梳顺。

Step 02

在前区左侧表面抽出发丝，并喷发胶定型。

Step 03

在顶区表面同样抽出发丝，边抽发丝边喷发胶定型。

Step 04

在右侧耳尖处将发丝向后提拉，将发胶由下向上喷，让发丝具有飞扬的效果。

Step 05

用25号电卷棒将后区中间的发尾由下向上外翻烫卷。

Step 06

将侧面的头发同样用25号电卷棒烫卷，使其与后区中间的发尾相衔接。

马尾式

抽丝

造型手法： 1.扎马尾；2.两股拧绳；3.抽丝。

造型重点： 1.马尾要扎紧，不要喷发胶，以便于抽丝；2.发髻是由两个拧绳的发辫组成的，两个发辫要叠加在一起固定，这样可突出发髻的立体效果。

Step 01

将所有的头发扎成一条高马尾，将马尾平均分成两份。

Step 02

将右侧的一份马尾采用两股拧绳的手法拧至发尾。

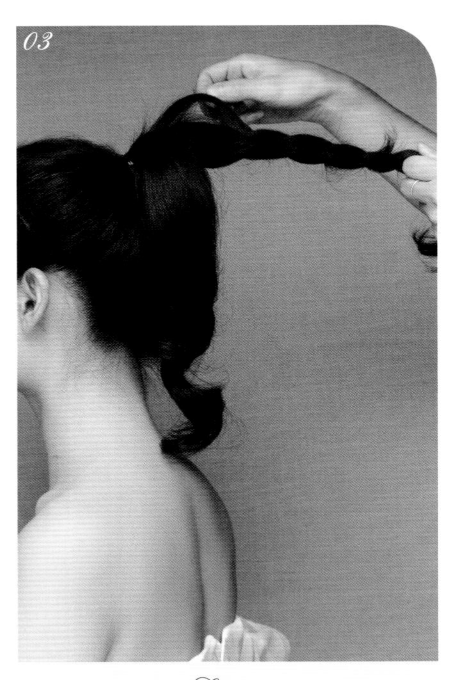

Step 03

对拧好的发辫进行抽丝处理。

Step 04

将抽丝后的发辫围绕着马尾根部进行固定。

Step 05

将剩余的马尾也用两股拧绳的手法拧至发尾。

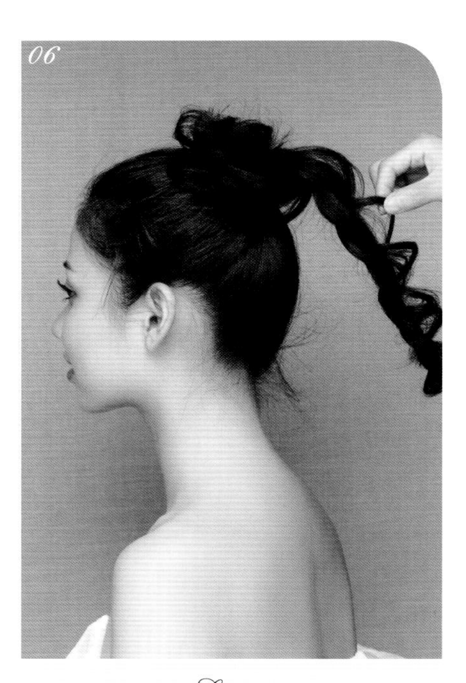

Step 06

在拧好的发辫上抽出发丝。

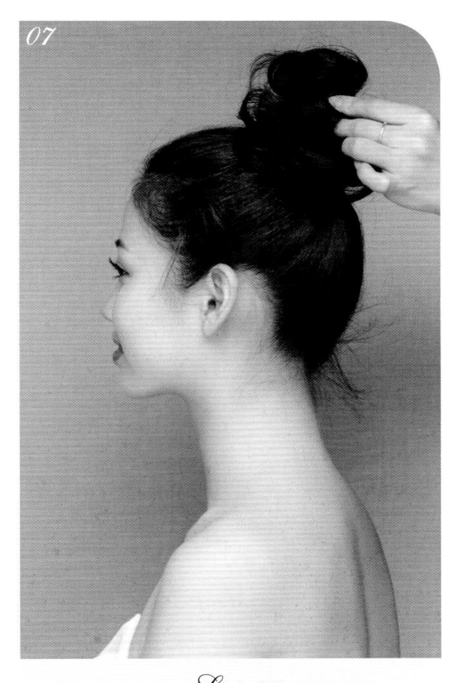

Step 07

将抽丝后的发辫旋转，叠加在上一条发辫上并固定，以增加发髻的高度。

Step 08

在固定好的发髻上进行抽丝，边喷发胶边调整发丝的形状。

Step 09

用手抽出发际线处的发丝。

Step 10

整理抽出的发丝，喷发胶定型。

Step 11

在整理耳尖处的发丝时，发胶要由下向上喷，让发丝呈现飞扬的效果。

Step 12

整理好后区的小碎发，使其与前额的发丝相呼应。

三股
抽丝

01

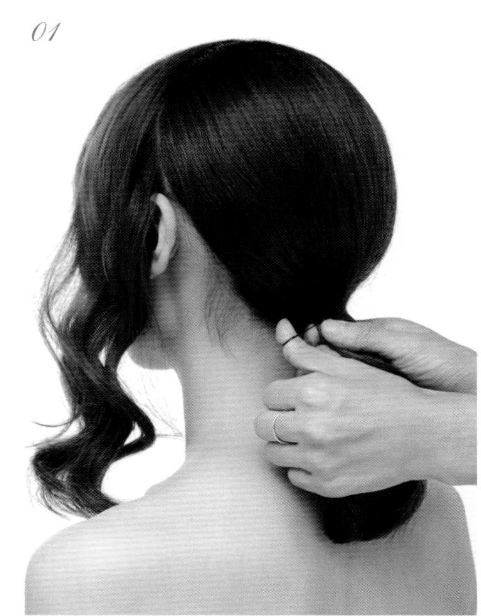

Step 01

将所有的头发分成前后两个区，然后将后区的头发扎成干净的低马尾。

02

Step 02

将前区的头发二八分，然后在左侧留出短刘海。在长发中分出一缕发片，并均匀分成三股。

造型手法： 1.三股单加编发；2.抽丝；3.扎马尾；4.打卷。

造型重点： 1.头发呈微卷状态，这样可使造型干净、不毛糙；2.在编辫时，编一部分抽一部分发丝，这样发丝比较容易抽出；3.在卷筒固定发卡处扎皮筋固定，注意扎皮筋前确定好卷筒的位置，尽量一次成型，以免卷筒毛糙。

03

Step 03

采用三股单加的手法进行编发，然后将左侧区的头发全部添加到发辫中。

04

Step 04

对编好的发辫进行抽丝处理。

05

Step 05

将未编完的头发用三股编发的手法编至发尾，并用皮筋固定。同样对发辫进行抽丝处理。

06

Step 06

右侧也用三股单加的手法编发，并将右侧区的头发全部添加到发辫中。

07

Step 07

对编好的发辫进行抽丝处理。

08

Step 08

将未编完的头发用三股编发的手法编至发尾，并用皮筋固定。同样对发辫进行抽丝处理。

09

Step 09

将右侧的发辫向左提拉并固定在马尾根部。

10

Step 10

将左侧的发辫向右提拉，同样固定在马尾根部，注意遮盖住皮筋。

11

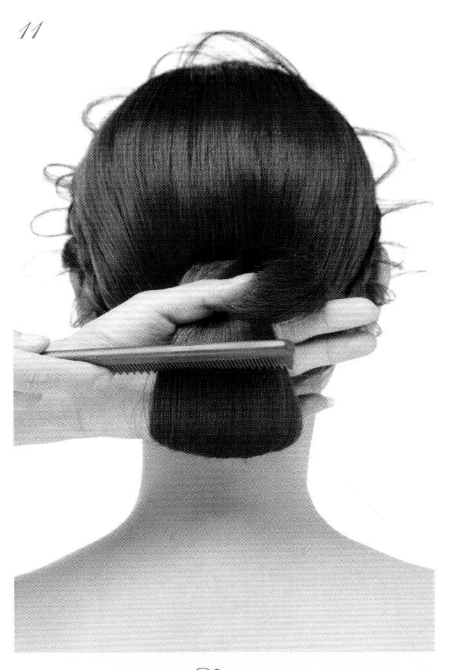

Step 11

将马尾用尖尾梳从下向上外翻，并将其梳顺。

12

Step 12

将发尾用皮筋固定，以便于之后更好地用卡子固定。

13

Step 13

抓住发尾，将马尾向上外翻打卷，在皮筋固定处用卡子固定，这样更结实、牢固。

14

Step 14

佩戴发饰，然后调整刘海。

打卷新娘造型

在烫发以后，用头发自身的卷度进行打卷，可以做出百变的造型风格，或是干净大气，或是清新甜美。打卷就是把头发做成卷筒，通过卷筒的排列来体现整体造型的层次和纹理，体现出高贵、优雅、清新的感觉。通过不同的饰品也可展现不同的风格。需要注意的是，卷筒要干净、光滑，卷筒与卷筒的排列不要太有规律，卷筒可以叠加也可相互交叉，这样可以打造出层次感丰富的发髻。

打卷
新娘造型
1

Step 01

在刘海区取一束发片，将其向下内扣打卷，用卡子固定在额角处。

Step 02

在后方横向分出一束发片，将其向前内扣打卷并固定，并与第一个发卷相结合。

造型手法： 1.打卷；2.扎马尾。

造型重点： 1.让头发呈微卷的状态，用32号电卷棒以冷却定位烫的手法将头发全部内扣烫卷，冷却定位烫可以让发卷的卷度更加持久而有弹性；2.在发卷与发卷的衔接处尽量不要露出头皮；3.固定时卡子要尽量贴近头皮，让卷筒更加立体、牢固。

Step 03

将发尾连续向前做内扣打卷，并用卡子固定。注意遮盖住卡子。

Step 04

在后方继续横向分出一束发片，将其向前内扣打卷，并用卡子固定。注意卷筒与卷筒之间的衔接。

Step 05

将发尾连续向前做内扣打卷，并用卡子固定。

Step 06

将剩下的发尾继续向前做内扣打卷，并用卡子固定。

Step 07

将鬓角处的一缕发片向上外翻打卷，并将其固定在耳尖的上方。

Step 08

在左侧区竖向分出一束发片，然后将其向前内扣打卷，并用卡子固定。

Step 09

将鬓角处的头发与上一个卷筒剩余的发尾相结合，然后向上外翻打卷并固定。

Step 10

在左侧耳尖的上方取一束发片，将其向上外翻打卷，然后用卡子固定在前后区的发缝处。

Step 11

将发尾随意向下内扣并固定，使其与上一个卷筒相衔接。

Step 12

将后区的头发用皮筋扎一条干净的高马尾。

Step 13

将马尾向刘海区内扣打卷，并用鸭嘴夹固定。

Step 14

将发尾连续向前内扣打卷。最后佩戴饰品，以填补空缺处。

打卷
新娘造型
2

造型手法： 1.打卷；2.抽丝。

造型重点： 1.在发卷与发卷之间的衔接处不可露出头皮；2.固定每一个发卷的时候要考虑整体发型的形状；3.如果侧区的发量少，可将头发根部整理蓬松。

Step 01

用25号电卷棒将枕骨以下的头发外翻烫卷，将枕骨以上的头发内扣烫卷，此处可用冷却定位烫的手法。在顶区取一束发片，将其顺着卷度打C形卷，并用卡子固定在顶区。

Step 02

在上一个发卷的下方分出发片，然后用同样的手法连续打C形卷并固定。

Step 03

在右侧分出发片，用手指内扣，收成卷筒，将其固定在前面两个发卷的旁边，进行衔接。

Step 04

在左侧分出发片，用手指内扣，收成卷筒，将其衔接固定。

Step 05

在中间继续分出发片，用手指内扣，收成卷筒，将其衔接固定。

Step 06

在左侧卷筒的下方分出发片，将其用手指内扣，收成卷筒并衔接固定。

Step 07

在中间卷筒的下方分出发片，将其用手指内扣，收成卷筒并衔接固定。

Step 08

在右侧卷筒的下方分出发片，将其用手指内扣，收成卷筒并衔接固定。

Step 09

继续在左侧卷筒的下方分出发片，将其用手指内扣，收成卷筒并衔接固定。

Step 10

继续在中间卷筒的下方分出发片，将其用手指内扣，收成卷筒并衔接固定。

Step 11

继续在右侧卷筒的下方分出发片，用手指内扣，收成卷筒并衔接固定。

Step 12

将后区最后一束发片向上外翻打卷，并用卡子固定。

Step 13

将发尾内扣打卷，使其与上面的发卷相衔接，并使所有发卷形成圆形。

Step 14

留出前额的发丝，然后在刘海区分出发片，用手指内扣，收成卷筒，使其与后面的发卷衔接并固定。

Step 15

分出第二束发片，采用同样的手法处理，将其紧挨着刘海区的第一束发片固定。

Step 16

将右侧的头发内扣打卷，然后在耳后固定。

Step 17

将发尾打卷，填充在发型不饱满的地方，作为补充，让发型圆润、饱满。

Step 18

在左侧顶部分出一束发片，用手指内扣打卷并在耳后固定。

Step 19

将发尾斜向打卷并在后方固定。

Step 20

将左侧剩余的头发内扣打卷，将其固定在耳后。

Step 21

在前区抽出发丝，让发型更加灵动、不死板。

Step 22

整理前额的发丝，佩戴头饰。

打卷新娘造型 3

造型手法： 1.打卷；2.扎马尾；3.抽丝。

造型重点： 1.整体发型要干净、饱满，卷筒要具有立体感，在固定刘海区的卷筒时，卡子要贴近头皮；2.刘海区的卷筒要遮盖住前额的发际线，这样能更好地修饰脸形。

Step 01

分出顶区和刘海区的头发，然后将其表面梳顺并内扣打卷。

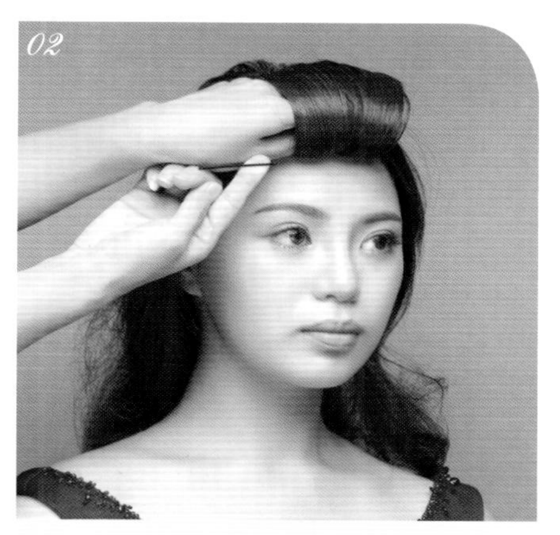

Step 02

将卷筒用卡子固定在发际线处。

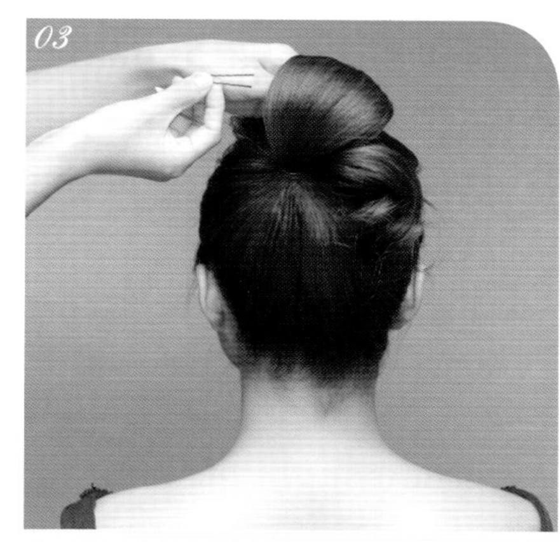

Step 03

将剩下的所有头发扎成高马尾。然后将马尾向上外翻打卷，并用卡子固定。

Step 04

继续把发尾打卷并固定，注意发卷与发卷之间的衔接。

Step 05

在前区刘海翘起的边缘用小定位夹做局部固定，然后喷发胶定型。

Step 06

在顶区的卷筒上进行抽丝。

Step 07

喷发胶，固定发丝的走向。

Step 08

取下小定位夹，戴好饰品。

Step 09

撕出鬓角的头发，并由下向上喷发胶定型。

打卷
新娘造型
4

造型手法： 1.扎马尾；2.打卷。

造型重点： 1.如果脑后的头发不饱满，则需要进行倒梳，以增加发量，如果饱满可直接扎马尾；2.刘海区的卷筒要立体，发尾处不易用卡子固定时，可用鸭嘴夹暂时固定。

Step 01

将头发分成前、后两个区。将后区所有的头发扎成干净的低马尾。

Step 02

在前区分出刘海区的头发，然后将两侧区多余的头发与后区的马尾结合。可用鸭嘴夹将头发局部固定在扎马尾的位置。

Step 03

将刘海向斜后方梳理干净，然后做手打卷并固定。要注意将刘海做成卷筒。将发尾打卷。

Step 04

将剩余的发尾向前打卷,使其与前面的卷筒相结合，突出层次。发尾固定不牢时可先用定位夹暂时固定。

Step 05

在马尾中分出一片头发，将其向上内扣打卷。

Step 06

将发尾根据头发自有的弧度整理出波纹并用鸭嘴夹固定。

Step 07

再分出一束发片，将其向上整理出波纹并用鸭嘴夹固定，可叠加固定。波纹与卷筒的结合可让发髻更饱满，同时更具层次感。

Step 08

将发尾继续打卷，用鸭嘴夹固定波纹，注意波纹相互之间的衔接要自然。

Step 09

将剩余的马尾梳干净，并用鸭嘴夹固定。然后喷发胶定型。取下鸭嘴夹，用U形卡固定，最后戴上饰品。

打卷
新娘造型
5

造型手法： 1.扎马尾；2.打卷。

造型重点： 1.打卷时可以根据新娘头发的长短和多少来进行叠加，不易固定卡子的地方可用定位夹暂时加固，喷发胶后取下定位夹，换U形卡固定；2.刘海区的卷筒可根据新娘的脸形确定固定的位置，可随意向前或向后调整。

Step 01

分出刘海区的头发并暂时固定。将剩余的头发扎成高马尾。

Step 02

在马尾中分出一片头发，将其向上内扣打卷并固定。卷筒要干净、饱满。

Step 03

将发尾向斜侧方内扣打卷并固定。注意卷筒的形状要圆润。

Step 04

将剩余的发尾固定在卷筒之上，用定位夹暂时固定。

Step 05

在马尾中再分出一片头发，将其横向内扣打卷并固定，使其与上一组卷筒相结合。

Step 06

将发尾向右侧打卷并固定。注意要根据造型的饱满度来打卷并选择固定的位置，以填补空缺处。

Step 07

将剩余的发尾在右侧打卷，将其固定在圆形的发髻边缘。

Step 08

再分出一束发片，采用同样的手法打卷，并固定在上一组卷筒上，让发髻更加立体。

Step 09

将剩余的头发继续向上打卷，以填补发髻的空缺处。

Step 10

将刘海区的头发梳顺，然后将其内扣打卷并固定。

Step 11

将发尾用同样的手法打卷，使其与后区的发髻相衔接。

Step 12

在空隙位置戴上饰品，这样可使造型更加完美。

打卷
新娘造型
6

造型手法： 1.两股添加拧绳；2.单股拧绳；3.打卷。

造型重点： 1.用发丝修饰脸形时，发丝不要做成干净的条状，要呈松散、自然的状态；2.根据新娘的脸形来确定是否在面部周围出现发丝，以便更好地修饰脸形。

Step 01

将顶区的头发在枕骨下方固定，使其形成一个发包。如果头发较短，顶区发包可做得稍微大一些。

Step 02

留出前额的发丝，将右侧的头发采用两股添加拧绳的手法处理，把右侧区的头发全部添加到发辫中，一直拧至发尾。将发辫固定在发包的固定点。

Step 03

戴上发带，修饰造型。

Step 04

将左侧区的头发向后进行单股拧绳处理并固定，遮盖固定发带的卡子。

Step 05

在后区左侧分出一缕头发，将其向上外翻打卷并用卡子固定。

Step 06

在后区右侧分出一缕头发，向上外翻打卷并用卡子固定。

Step 07

将后区剩余的头发向上做外翻处理并固定，使其与上面的卷筒相结合。

Step 08

佩戴花朵类饰品，使其与发带相结合。

Step 09

用25号电卷棒将前额的发丝内扣烫卷，以修饰脸形。

Step 10

将前额处的发丝撕出层次，然后喷发胶，同时调整发丝的走向。

复古波纹新娘造型

经过烫卷的发丝都会具有卷发的纹理。在对头发进行造型的过程中，尤其是处理较为干净的发型时，通过对头发的梳理，能更加清楚地了解发丝的属性，找到合适的纹理走向和发丝的摆放位置，从而塑造出完美的发型 。手推波纹就是借助尖尾梳和手的配合在头发的表面推出S形的波纹，复古气息浓郁，同时能柔化女性面部的线条，使女人味儿十足。将手推波纹应用到中式新娘造型中，更是耐人寻味。要注意的是：亚洲人的头发比较粗硬，可以先进行烫卷，然后在原有发卷的波纹处用卡子固定；需要用发胶将头发定型，发胶的量要足，否则与面部不够贴合。复古造型会使人显得成熟，可以做偏轻复古的造型。

囍
囍

单片手推波纹造型

Step 01

将头发分成前、后两个区。将后区的头发向上拧，并用卡子固定。

Step 02

将发尾拧成发髻，并固定在头顶，作为垫发。

造型手法： 1.单股拧包；2.单片手推波纹；3.假发运用。

造型重点： 1.在做单片手推波纹造型时，头发要足够长，同时不能太碎；2.假发要与真发的颜色一致，注意结合要自然。

Step 03

将刘海中分，然后在左侧靠近额头的位置留出一片头发，以修饰额角。接着在后方顶部分出一束发片。

Step 04

用单片手推波纹的手法处理所取发片，用手配合尖尾梳，往前推出波纹，在尖尾梳的位置固定鸭嘴夹。

Step 05

用尖尾梳在第一个波纹下方向后推出第二个波纹，将鸭嘴夹固定在尖尾梳的位置。

Step 06

用尖尾梳在第二个波纹下方向前推出第三个波纹，将鸭嘴夹固定在尖尾梳的位置。将发尾在耳后固定。

Step 07

在右侧靠近额头的位置留出一片头发，以修饰额角，然后在顶部分出一束发片。

Step 08

用单片手推波纹的手法处理所取发片，用手配合尖尾梳，往前推出波纹，在尖尾梳的位置固定鸭嘴夹。

Step 09

用尖尾梳在第一个波纹下方向后推出第二个波纹，将鸭嘴夹固定在尖尾梳的位置。

Step 10

用尖尾梳在第二个波纹下方向前推出第三个波纹，将鸭嘴夹固定在尖尾梳的位置。将发尾在耳后固定。

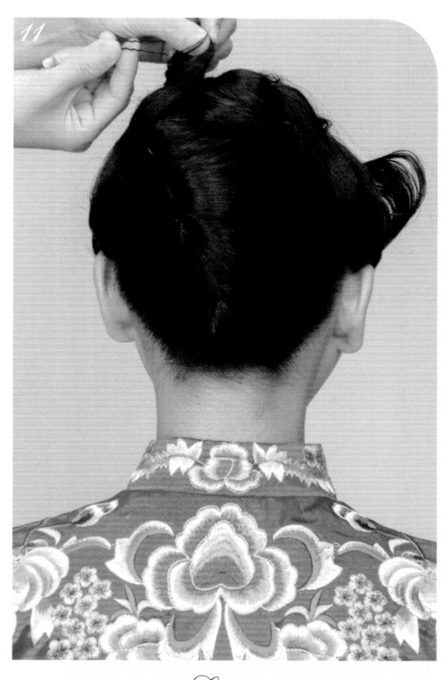

Step 11

将两侧区剩余的头发向上固定在顶区的发髻上。

Step 12

将一个弧形假发包固定在顶区的发髻上。

Step 13

将一条假发辫围绕顶区的发髻固定，以遮盖卡子和碎发。

Step 14

用对称的手法佩戴饰品，尽显造型的优雅、端庄。

立体
波纹造型

造型手法： 1.扎马尾；2.手推波纹；3.抽丝。

造型重点： 1.波纹的凹陷处也是波纹突出的地方，注意卡子的固定位置；2.推出的波纹需要用尖尾梳或手整理出发丝，这样可以让传统的手推波纹具有“减龄”效果；3.每个波纹都要遮盖住发际线，这样可以更好地修饰不标准的脸形。

Step 01

将头发分成前、后两个区，然后将整个后区头发的表面处理干净并喷发胶定型。

Step 02

将后区的头发扎马尾。

Step 03

将刘海三七分，然后将定位夹固定在右侧刘海的发根处。注意固定定位夹的方向。

Step 04

用手按住头发，用尖尾梳打造出波纹的第一个弧度，同时用尖尾梳梳松波纹的前端，以制造灵动感。

Step 05

按住第一个弧度，用鸭嘴夹向后固定出第二个弧度。

Step 06

用尖尾梳梳松下方波纹前端的发丝，以制造出纹理感。

Step 07

将发尾用鸭嘴夹向后固定，做出第三个弧度。

Step 08

用尖尾梳顺着左侧刘海区头发的弧度向前推。

Step 09

将鸭嘴夹固定在波纹凸出处。

Step 10

将右侧区剩余的头发向后收拢，将其外翻并固定在马尾的皮筋处。

Step 11

将左侧区剩余的头发向后收拢，将其外翻并固定在马尾的皮筋处。

Step 12

将剩余的发尾与右侧的卷筒相结合。

Step 13

将马尾梳理干净后抽出发丝。注意边抽发丝边喷发胶，以调整纹理。

Step 14

佩戴点缀型饰品，突出波纹的层次。

湿推
波纹造型

造型手法： 1.扎马尾；2.卷筒；3.湿推波纹。

造型重点： 1.湿推波纹需要用滚梳和具有定型效果的啫喱配合打造；2.要用手和滚梳配合梳出波纹，以便将波纹定型；3.波纹可根据脸形来选择摆放的位置。

Step 01

留出一缕前额的发丝，然后将剩余头发的表面整理干净并喷发胶定型。

Step 02

将整理干净的头发扎成低马尾。

Step 03

将整条马尾向上翻转，并梳理干净。

Step 04

将马尾外翻，拧成卷筒，并固定在枕骨下方。

Step 05

将发尾调整到卷筒的边缘，并喷发胶定型。

Step 06

将留出的前额发丝梳理干净，然后将其用滚梳紧贴面部梳出想要的弧度。

Step 07

用滚梳蘸取具有定型效果的啫喱。

Step 08

调整波纹形状。

Step 09

佩戴饰品，以衬托波纹的层次。

整体手推
波纹造型

造型手法： 1.手推波纹；2.扎马尾；3.卷筒。

造型重点： 1.将头发处理成微卷的状态即可；2.用尖尾梳和手配合，将侧区的头发衔接成片，不分出发缝；3.推出的波纹要在喷发胶后再用定位夹固定，小波纹可直接用定位夹固定。

Step 01

用手抓住发根，用定位夹在发根处固定，让波纹更有立体感。

Step 02

用尖尾梳顺着头发的卷度向前推出理想的波纹。

Step 03

在尖尾梳的位置用定位夹固定。

Step 04

用手推出波纹，然后在凹陷处用定位夹定型。

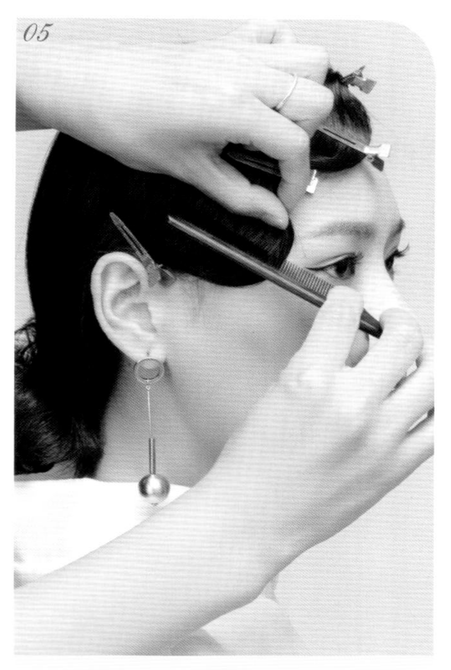

Step 05

用手抓住第一个波纹的凹陷处，用尖尾梳顺着头发的卷度向前推出第二个波纹，并在第二个波纹凹陷处用定位夹固定。

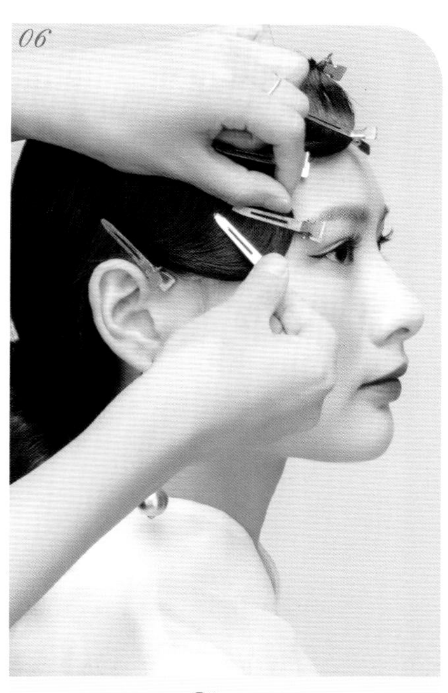

Step 06

在尖尾梳的位置用定位夹固定。根据波纹的大小或碎发的多少确定使用定位夹的多少。

Step 07

喷发胶定型，取下定位夹后需要用卡子加固。

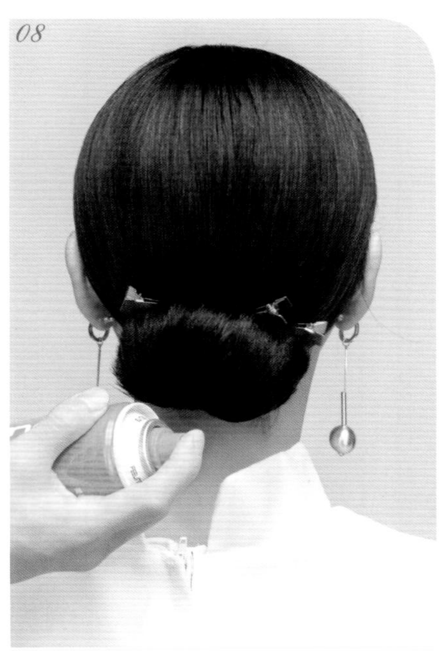

Step 08

将后区的头发扎成干净的低马尾。将发尾外翻，如果头发过短，可先用定位夹暂时固定，喷发胶定型。

Step 09

喷发胶定型后取下定位夹，再用卡子固定。

手摆
波纹造型

造型手法： 1.手摆波纹；2.三股双加编发；3.复古波浪。

造型重点： 1.用19号电卷棒以内扣的手法将所有的头发烫卷，注意发根要烫蓬松；2.小定位夹要固定在发根位置，以起到支撑的作用；3.后区的头发要根据波浪的起伏用鸭嘴夹固定。

Step 01

将前区的头发三七分，右侧为刘海区。然后将刘海区再次分成两个区。在刘海区前面的头发中取一束头发，用定位夹固定发根，将头发向前内扣，并用卡子固定，形成第一个波纹。

Step 02

向下再分出一缕头发，将其向前内扣并固定，形成第二个波纹。注意压住第一个波纹。

Step 03

用定位夹将两个波纹结合在一起。

Step 04

将剩余的发尾向前内扣。

Step 05

将上下波纹处理伏贴，并用鸭嘴夹进行固定。

Step 06

将刘海区后面的头发采用三股双加的手法编至与前面波纹同等高度位置，并遮盖住发缝。

Step 07

将前区左侧的头发用尖尾梳梳顺，根据原有发卷的弧度用手向前推波纹，让波纹更加明显。

Step 08

用小定位夹和鸭嘴夹对波纹进行矫正定型。

Step 09

在后侧分出发片，向前摆出第二个波纹，并用卡子固定。

Step 10

将后区的头发梳顺，用鸭嘴夹将其固定在枕骨下方，让枕骨区更加饱满。

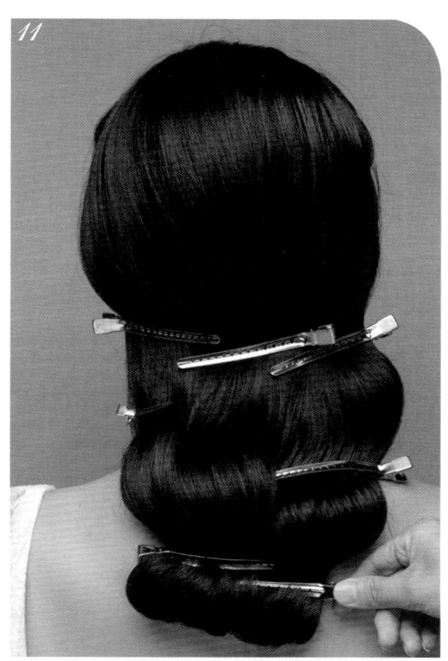

Step 11

用鸭嘴夹依次固定出后区头发下面的波纹。

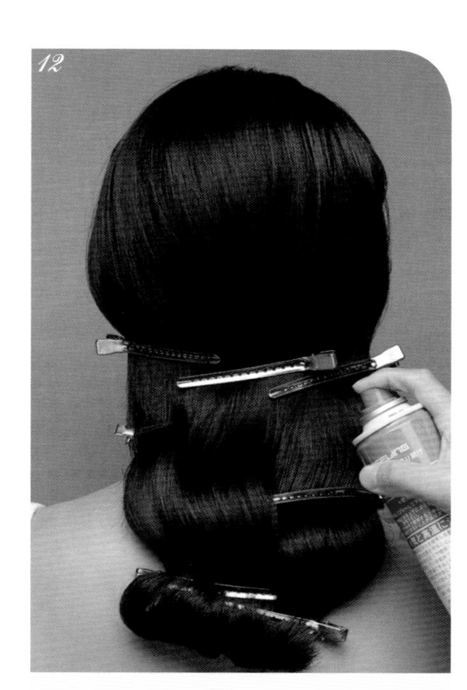

Step 12

对头发喷发胶定型，然后佩戴饰品。

片接假发新娘造型

如今很多新娘都是短发，为了做出各种不同风格的造型，有时需要将短发变成长发。这时加入假发片是不错的选择，它可以让短发变长，发量少时还可以起到增加发量的作用。在运用假发时要注意真假发的结合，发丝的颜色要统一，以减少穿帮点。在固定假发片的时候要牢固，在做造型的时候手法要轻，以免发片掉落。

片接假发新娘造型 1

Step 01

在枕骨下方留出一层真发，然后将假发片固定在真发的发根处。

Step 02

间隔一层真发，继续固定假发片。

造型手法： 1.片接假发；2.三股双加编发；3.抽丝。

造型重点： 1.为了更好地修饰假发的衔接处，需要在前额发际线处留出一缕发片；2.抽丝时尽量一次到位，不要反复抽丝；3.佩戴饰品可修饰发型的不足。

Step 03

将一个假发片固定在右侧区，与后区中间的假发片衔接在一起。

Step 04

将一个假发片固定在左侧区，与后区中间的假发片衔接在一起。

Step 05

选择一个窄一些的假发片，将其固定在顶区。

Step 06

将所有头发向后梳理，然后将前区的头发采用三股双加的手法编发。

Step 07

采用三股双加的手法编至发尾处，将发辫用皮筋固定。

Step 08

从顶区开始进行抽丝处理。

Step 09

边抽丝边调整发丝的纹理并喷发胶定型。

Step 10

整条发辫都要抽出发丝，以增加发型的饱满度。

Step 11

发辫的中间位置同样要抽出发丝，这样可让发辫更有立体感。

Step 12

发尾处也要抽出发丝，并喷发胶定型，这样发型会更有动感且不死板。

Step 13

在刘海中心位置取一缕发丝，将其分成三份，并在额头处整理出弧度，以修饰额头。

Step 14

用饰品修饰发型的不足之处。

片接假发新娘造型 2

造型手法： 1.片接假发；2.三股编发；3.抽丝。

造型重点： 1.分发区的时候注意不要将假发衔接处露出；2.散发部分应在有卷度的地方抽出发丝，这样可使发丝的弧度更加自然；3.如需烫发，要与假发的卷度接近。

Step 01

用与上一个案例相同的方法提前接好假发片，然后在顶区分出三缕头发。

Step 02

采用三股编发的手法编至枕骨位置，然后按住发辫并抽出发丝。

Step 03

在枕骨位置用卡子固定发辫，并对抽出的发丝喷发胶定型，同时调整头发的纹理。

Step 04

在右侧发际线处留出发丝，以修饰脸形。

Step 05

将右侧的头发在耳后编三股辫。

Step 06

将其编至后区偏左的位置，然后对编好的发辫进行抽丝处理。

Step 07

将发辫用卡子固定。

Step 08

在左侧发际线处留出发丝，以修饰脸形。

Step 09

将左侧的头发在耳后编三股辫，然后对发辫进行抽丝处理。

Step 10

将发辫在后区偏右的位置用卡子固定，与上一条发辫交叉。

Step 11

用手在头发有卷度的地方错开抽出表面的发丝。边抽丝边喷发胶定型。

Step 12

佩戴好饰品。造型完成。